SOCIÉTÉ IMPÉRIALE ET CENTRALE D'AGRICULTURE DE FRANCE.

CONCOURS GÉNÉRAL D'AGRICULTURE DE 1860.

RAPPORT

SUR LES

INSTRUMENTS ET APPAREILS

AGRICOLES

PAR

M. BARRAL,

Membre de la Société impériale et centrale d'agriculture de France.

EXTRAIT DES MÉMOIRES DE LA SOCIÉTÉ IMPÉRIALE ET CENTRALE
D'AGRICULTURE DE FRANCE, ANNÉE 1862.

PARIS,

IMPRIMERIE ET LIBRAIRIE D'AGRICULTURE ET D'HORTICULTURE
DE Mᵐᵉ Vᵉ BOUCHARD-HUZARD,
RUE DE L'ÉPERON, 5.

1863

RAPPORT

SUR LES

INSTRUMENTS ET APPAREILS AGRICOLES.

CONCOURS GÉNÉRAL D'AGRICULTURE

DE 1860

RAPPORT

SUR LES

INSTRUMENTS ET APPAREILS

AGRICOLES

PAR

M. BARRAL,

Membre de la Société impériale et centrale d'agriculture de France.

PARIS,

IMPRIMERIE ET LIBRAIRIE D'AGRICULTURE ET D'HORTICULTURE

DE MADAME VEUVE BOUCHARD-HUZARD

Rue de l'Éperon, 5.

—

1863

[illegible]

TRAITÉ

[illegible]

[illegible]

[illegible]

PARIS
[illegible]
[illegible]
[illegible]

CONCOURS GÉNÉRAL D'AGRICULTURE
DE 1860.

RAPPORT

SUR

LES INSTRUMENTS ET APPAREILS AGRICOLES,

PAR

M. BARRAL.

L'exhibition des instruments et des appareils divers destinés à l'agriculture comprenait près de 4,000 objets différents, qui avaient été envoyés par 874 exposants. Ce nombre paraîtra extraordinaire quand on se rappellera qu'à l'exposition nationale de 1849 on ne comptait pas plus de 128 exposants de machines agricoles. La différence qui existe entre ces deux chiffres donne une sorte de mesure des progrès accomplis en une dizaine d'années, tant par l'agriculture française, qui demande tous les jours des instruments plus parfaits, que par les constructeurs nationaux, qui ont appelé à leur aide la science de l'ingénieur et commencent à rivaliser avec les meilleurs constructeurs des pays étrangers, et notamment de l'Angleterre.

Le jugement de tous ces appareils a été confié à un jury composé de 51 membres, parmi lesquels se trouvaient 12 membres de notre Société : MM. Séguier, le général Morin, Combes, Chevandier de Valdrome, Nadault de Buffon, Amédée-Durand, Moll, de Béhague, Vicaire, Dailly, Vilmorin et Barral. Ce jury a été partagé en 7 sections, ainsi qu'il suit :

1re SECTION. *Instruments et appareils généraux.* — Moteurs, machines à vapeur, manéges isolés, grues, crics, dynamomètres, balances, poids et mesures, instruments de déplacement et de transport, voitures, brouettes, paniers, échelles, etc.

2e SECTION. — Pompes, machines hydrauliques, instruments de météorologie et de jaugeage, forges et outillage d'atelier de ferme, terrassements, drainage, machines à faire des tuyaux et à drainer, architecture et constructions rurales, livres et plans.

3e SECTION. *Instruments de culture.* — Charrues, fouilleurs, défonceurs, herses, extirpateurs, rouleaux, outils aratoires, houes à cheval.

4e SECTION. *Instruments et appareils d'ensemencement et de récolte et cultures spéciales.* — Semoirs, plantoirs, faucheuses, moissonneuses, faneuses, tondeuses de gazon, faux et cueille-fruits, appareils pour la culture de la Vigne et des prairies.

5e SECTION. *Instruments pour la préparation des produits agricoles (végétaux).* — Machines à battre et à dépiquer, égreneurs, tarares, cribleurs, trieurs, épurateurs, silos et autres appareils de conservation des grains, égrappoirs, pressoirs.

6e SECTION. *Instruments et appareils de zootechnie.* — Auges, râteliers, coupe-racines, hache-paille, concasseurs, appareils de pisciculture, apiculture et sériciculture, volières, couvoirs, destruction des animaux nuisibles, pêche, chasse.

7e SECTION. *Économie domestique et industries rurales (préparation des produits animaux).* — Appareils et ustensiles de ménage, chauffage, cuisson, fermentation, laiterie, fromagerie, barattes, presses à fromage, distilleries, sucreries, brasseries, vinaigreries rurales.

Ces diverses sections, après des essais exécutés sur le terrain, d'une manière aussi complète que possible, eu égard au trop peu de temps qui avait été assigné pour leur durée (cinq jours seulement), ont fait verbalement, ou un petit nombre par écrit, leurs rapports en assemblée générale. Ces rapports ont été présentés, pour la 1re section, par M. Tresca, pour la 2e par M. Barral; pour la 3e par M. Dupeyrat, pour la 4e par M. Hervé Mangon, pour la 5e par M. Lecouteux, pour la 6e par M. Dailly, et pour la 7e par M. le baron Thenard. Le jury a, en conséquence, décerné 345 prix ou médailles.

En outre, deux jurys spéciaux ont été chargés de suivre, d'abord sur la ferme impériale de Vincennes, l'essai des machines à faucher et à faner; ensuite, sur le domaine impérial de Fouilleuse, l'essai des machines à moissonner. Dans ces deux derniers concours, où avaient été couronnés des constructeurs étrangers, et qui, par conséquent, étaient internationaux, 5 membres de notre Société, MM. Séguier, Moll, de Béhague, Dailly et Barral, faisaient partie du jury, et, en outre, un grand nombre d'autres de nos collègues ont assisté aux expériences. —

Dans ce rapport d'ensemble, que nous sommes chargé de présenter à l'adoption de la Société, au nom de ses membres qui ont fait partie du jury des instruments du concours de 1860, nous allons suivre l'ordre adopté par les sections, en reproduisant, quand cela a été possible, les appréciations des rapporteurs, qui, malheureusement, ne nous sont pas toutes parvenues. Auparavant nous devrons dire que quelques collections d'instruments présentaient un ensemble tellement remarquable, que des récompenses hors ligne ont dû leur être attribuées. C'est ainsi, d'abord, qu'un rappel de grande médaille d'or a été décerné à notre collègue M. Bella, directeur de la Société agronomique de Grignon, dont les charrues ont une juste célébrité. En outre, 8 médailles d'or grand module ont été décernées: à M. Pinet, dont le manège si commode et si simple est employé aujourd'hui dans plus d'un millier d'exploitations; à M. Duvoir, dont les machines à battre sont si estimées des cultivateurs, à cause de la perfection avec laquelle elles séparent le grain de la paille, en laissant cette dernière tout à fait intacte; à M. Champonnois, dont les distilleries de Betteraves ont reçu l'approbation et les plus hautes récompenses de notre Société; à M. Lotz aîné, puis à MM. Renaud et Lotz, qui ont inventé et propagé, dans toute la région de l'Ouest, des machines à battre à vapeur ou à manége direct qui ont été le signal de l'adoption des machines perfectionnées dans plusieurs de nos départements; à M. Calla, le premier grand constructeur de machines qui ait entrepris de construire des locomobiles à vapeur pour l'agriculture et des machines à fabriquer les tuyaux de drainage; enfin à M. Ganneron, puis à MM. Clubb et Smith, qui ont organisé, à Paris, de grands entrepôts où les agriculteurs ont pu venir, pendant toute l'année, examiner en détail et choisir les machines les plus diverses, qu'autrefois ils ne pouvaient connaître que par de nombreux et coûteux déplacements.

1re Section. — *Moteurs et appareils généraux.*

1° *Appareils de transport.*

Les machines de transport sont les premières qui doivent nous occuper. Les divers véhicules qui figuraient à l'exposition n'offraient que des modifications de système peu importantes. Cependant il y a lieu de signaler les voitures exposées par M. le marquis de Selves, qui a eu le mérite d'appliquer les moyens ordinaires de transport à un usage spécial. Ces voitures n'avaient rien de bien remarquable en elles-mêmes, mais elles étaient parfaitement appropriées au transport des machines à vapeur locomobiles, pour les abriter contre les principales causes d'accident et de détérioration qu'elles rencontrent dans les mauvais chemins.

M. Bassot fils avait présenté une bonne charrette disposée de manière à basculer autour de l'extrémité arrière des brancards. Le déchargement, dans ces charrettes, a lieu sans secousse pour le cheval, et une manivelle permet d'amener facilement la caisse sous diverses inclinaisons.

Les divers arcanseurs de M. le docteur Blatin sont bien connus; ils diminuent, dans une proportion notable, la fatigue des chevaux dans les rampes, en même temps qu'ils éloignent d'eux toutes les causes d'accident.

Les autres véhicules pour usages agricoles étaient également peu nombreux à l'exposition; ils ne se distinguaient, d'ailleurs, par aucune particularité remarquable. En première ligne, se trouvait le chariot de Grignon, disposé de manière à faire porter sur les grandes roues la plus forte partie du poids total. Un grand chariot, construit par M. Daire, se faisait remarquer surtout par son prix peu élevé. Les roues étaient d'un bon travail et les dispositions de l'avant-train bien entendues; mais les grandes dimensions de ce chariot en limitent l'emploi à certaines conditions spéciales.

Tout le monde a été frappé de l'importance du problème que s'est proposé M. Gargan pour le transport, sur nos chemins de fer, de grandes quantités d'engrais dans des appareils spéciaux. Le waggon-citerne exposé par cet inventeur était bien étudié dans toutes ses parties; il peut servir de truc ordinaire pour le transport en retour des marchandises de toute sorte; il est également facile de l'employer pour le transport des liquides au moyen de caisses en tôle, d'une capacité totale de 7^{mc},25, qui suffit à un chargement complet. De larges orifices donnent accès dans cette capacité pour l'introduction des engrais, qui peuvent en être extraits soit par un robinet spécial d'un gros diamètre, soit au moyen d'une pompe placée sur la plate-forme, qui n'est pas plus élevée que dans les trucs ordinaires, soit de 1^{m},50 au-dessus de la voie. La machine qu'il faudra employer, dans ce dernier cas, pour la manœuvre de la pompe permettrait, au besoin, de projeter directement les produits de la citerne sur toute la zone qui borde le chemin jusqu'à une distance qui dépendrait des dispositions prises pour la canalisation spéciale de chaque exploitation ; dans d'autres cas, on pourrait se borner à la disposer dans des citernes établies à proximité de la ligne de fer. Les constructeurs s'étaient attachés à diminuer, autant que possible, le poids de leur appareil, qui n'atteignait pas 6,000 kilog., de manière à amoindrir, par cela même, les frais de traction. On comprend de quelle ressource deviendrait pour l'agriculture le système de M. Gargan, s'il était généralisé, puisqu'il permettrait, tout en donnant aux vidanges des grandes villes une valeur plus grande, d'utiliser la totalité de ces précieux engrais, et de les distribuer à très-bas prix dans un grand nombre de localités qui en sont dépourvues.

Nous citerons encore l'appareil à l'aide duquel M. Hary peut agiter les engrais liquides renfermés dans un tonneau ordinaire avant d'en déterminer l'écoulement par l'ouverture simultanée d'un certain nombre de robinets, et l'appareil de M. de Metz, qui est aussi de nature à bien remplir les mêmes fonctions.

2ᵉ *Machines à vapeur*

Nous allons maintenant passer aux machines motrices proprement dites. En première ligne, nous nous occuperons des machines à vapeur fixes et locomobiles.

Les machines à vapeur fixes qui figuraient au concours étaient, à peu d'exceptions près, du type bien connu des machines horizontales ; et, sous le rapport de la construction, elles laissaient, en général, fort peu à désirer. Au premier rang se plaçait la machine de M. Rouffet. Depuis longtemps on connaît les services rendus à l'industrie par ce constructeur ; l'un des premiers, il s'est adonné à la fabrication des petites machines portatives, mais non montées sur roues, dont l'emploi s'est si largement propagé depuis vingt ans. M. Rouffet présentait déjà une machine de ce genre à l'exposition de 1849, et les soins qu'il apporte à la construction de ses machines leur ont justement acquis une réputation que la Société est heureuse de proclamer.

Le mérite de M. Flaud est d'un tout autre ordre. Habile constructeur, il s'est surtout adonné à faire prévaloir l'usage des machines à grande vitesse et ayant, par cela même, des dimensions réduites. L'exagération de ce principe l'a conduit, en définitive, à donner, à toutes les parties frottantes de ces machines, des dimensions qui, pour paraître excessives, n'en sont pas moins rationnelles. Les progrès faits par M. Flaud sont, à ce point de vue, très-remarquables. Nous devons ajouter que M. Flaud adapte à ses machines le nouvel appareil d'alimentation connu sous le nom d'*injecteur Giffard*.

Ce n'est que depuis peu d'années que l'on fait, dans l'usine de M. Duvoir, à Liancourt, des machines à vapeur. Les premières tentatives de cette maison avaient eu peu de succès auprès des jurys de 1855 et de 1856; mais les progrès considérables faits par M. Duvoir, depuis cette époque, lui ont assigné en 1860 une place importante parmi les constructeurs de machines à vapeur agricoles. Le régulateur dit *à anneau de Saturne*, qu'il avait adopté, était agencé d'une manière plus satisfaisante que dans le modèle anglais très-remarqué à l'exposition de 1851.

Le concours était beaucoup plus riche en machines dites locomobiles qu'en machines fixes. Si l'agriculture anglaise était, il y a dix ans, en possession presque exclusive de ces appareils, la France en a fait, depuis cette époque, un emploi fréquent, et elle a su les approprier aux mille besoins de l'agriculture et de l'industrie. Un seul constructeur, M. Calla, qui a le plus contribué à ce progrès, a livré plus de 450 machines à vapeur locomobiles. La perfection des différents organes de ses machines lui ont valu une juste célébrité.

Cette classe de machines motrices a paru tellement importante, qu'après un examen attentif de chacune des machines la section du jury qui était chargée de les juger a voulu les essayer au frein et mesurer leur consommation en combustible. Les expériences ont été faites sous le contrôle mutuel des exposants et dirigées par M. Tresca.

Les résultats des expériences ont été réunis dans le tableau suivant; on a omis, à dessein, d'y comprendre les machines qui, par suite de quelque accident ou d'une mauvaise installation, n'ont pas fonctionné d'une manière suffisamment favorable, ou n'ont pas terminé leur essai dans les conditions imposées aux autres.

La machine de M. Farcot ayant donné lieu, lors d'un premier essai, à un résultat très-favorable, le jury a voulu, dans l'intérêt de l'exposant lui-même, que cet essai fût renouvelé en présence de tous les autres constructeurs; et ce n'est qu'après cette double épreuve que le premier rang lui a été acquis. Cette sévérité dans les éléments d'appréciation sera considérée comme une reconnaissance plus éclatante du mérite de l'appareil.

Tableau des expériences faites sur les locomobiles du concours agricole de 1860.

Noms des constructeurs.	Nombre de tours du volant par minute.	Longueur du frein.	Charge du frein.	Travail en chevaux-vapeur.	Combustible par heure et par cheval-vapeur.
Farcot......................	156	2,00	14,50	6,07	2,04
Farcot (2ᵉ essai)...........	150	2,00	14,50	6,07	2,29
Barbier et Daubrie.........	100	3,20	13,50	6,27	2,90
Rouffet....................	106	1,11	40,00	6,60	3,30
Breval.....................	121	1,50	20,00	5,06	3,36
Renaud et Lotz.............	81	1,65	31,90	5,96	3,41
Frey.......................	95	2,00	24,00	6,36	3,59
Barrett Enall et Andrews.	175	1,64	7,50	3,01	3,61
Cumming...................	100	3,00	16,50	6,93	3,74
Falguière..................	100	2,50	17,30	6,20	3,64
Calla......................	111	1,91	19,21	5,65	3,77
Gargau....................	91	2,50	17,00	5,41	4,00
Duvoir....................	125	3,00	7,50	3,94	4,11
Artige.....................	81	1,50	21,67	3,69	4,42

Les essais ont été exécutés en portant d'abord la pression

intérieure à un degré normal ; à ce moment on jetait tout le
charbon enflammé hors de la grille, à l'exception du combustible strictement nécessaire à l'allumage du charbon neuf,
qui était dès lors pris dans une quantité pesée à l'avance.
Le charbon était, d'ailleurs, le même pour toutes les machines, et une surveillance active était exercée sur la manœuvre du frein et le nombre de tours de la machine. La
surveillance des opérations a été faite par M. Pichet fils, in-
génieur-mécanicien, et MM. Lafon et Villersin.

La machine de M. Farcot est, par sa forme extérieure,
bien différente des locomobiles ordinaires ; elle est surmon-
tée d'un tube horizontal formant une sorte de bouilleur
dans lequel l'eau commence à s'échauffer avant d'entrer
dans la chaudière tubulaire proprement dite. La flamme qui
a circulé dans les tubes revient autour de ce bouilleur, et le
cylindre lui-même est plongé dans les gaz chauds avant
que ceux-ci s'échappent dans la cheminée. L'exécution de
cette machine est soignée, comme celle de toutes les machines à vapeur sortant des mêmes ateliers. On doit attribuer au surchauffage de la vapeur par la fumée une partie
des avantages constatés par l'expérience. Cette disposition
n'est pas absolument nouvelle ; mais, jusqu'à ce jour, elle
avait été tentée sans beaucoup de succès. Le résultat favorable obtenu ici provient peut-être de ce qu'elle a été appliquée à de petites machines. La moyenne de la consommation de charbon par heure et par cheval, dans les deux
essais, a été de 2^k,16, et l'on doit considérer ce chiffre comme
parfaitement acquis. La différence entre les résultats du second essai et ceux du premier peut s'expliquer par les in-
fluences atmosphériques. En effet, un vent violent n'a, pour
ainsi dire, pas cessé d'exercer une fâcheuse influence sur le
tirage, et une pluie continuelle n'a pas peu contribué à refroidir les surfaces.

Considérée au point de vue agricole, la machine de
M. Farcot laisse, sans doute, à désirer sous le rapport de la
facilité du transport ; les roues sont d'un trop petit dia-

mètre, leurs jantes sont trop étroites, mais ces inconvénients sont faciles à éviter à l'avenir.

MM. Barbier et Daubrée, de Clermont-Ferrand, avaient exposé, pour la première fois, une machine locomobile : les dispositions en étaient bien entendues. Comme M. Farcot, ces constructeurs ont placé leur cylindre à la base de la cheminée et dans la fumée même. Cette disposition a contribué pour beaucoup à diminuer la consommation, qui ne s'est élevée qu'à 2^k,90 par heure et par cheval. Les roues sont grandes, l'avant-train bien disposé, et la machine se fait, en outre, remarquer par quelques détails ingénieux ; nous citerons, entre autres, une disposition de robinet qui rend impossibles les conséquences graves de la fermeture inopportune du robinet d'alimentation pendant le fonctionnement de la pompe : c'est ce seul robinet qui assure à la fois l'action de la pompe et l'ouverture de la section du tympan.

La machine locomobile de M. Bréval a parfaitement fonctionné ; sans présenter aucune disposition qui mérite d'être spécialement remarquée, elle est, dans son ensemble, d'une bonne exécution. Pendant la marche, le bras de levier du frein s'est toujours tenu franchement levé. La consommation de 3^k,30 doit être considérée comme étant plutôt au-dessus de la réalité qu'au-dessous.

La machine de M. Falguière, de Marseille, a été placée après les précédentes ; elle a tous les caractères des machines sortant d'un atelier où l'on a l'habitude de bien faire : un réchauffeur particulier de l'eau d'alimentation, aux dépens de la chaleur perdue, semble fonctionner parfaitement. Le chiffre de la consommation est malheureusement trop élevé, ainsi qu'il résulte du tableau précédent.

M. Cumming, d'Orléans, a fait, depuis 1855, des progrès très-notables dans la construction des machines locomobiles : ses machines offrent toute sécurité aux acquéreurs d'appareils agricoles, et elles se répandront beaucoup dans le centre de la France.

Quelques autres machines présentaient des dispositions

nouvelles et intéressantes, presque toutes relatives au système d'alimentation. Ainsi MM. Gargan et Cie ont imaginé d'employer la pression même de la vapeur pour envoyer l'eau dans la chaudière. A cet effet, le réservoir alimentaire est placé à un niveau supérieur à celui de l'appareil, qui se compose d'une sorte de piston pouvant mettre en communication, soit avec ce réservoir, soit avec la chaudière, une capacité creusée dans le piston même. Dans le premier cas, l'eau du réservoir vient remplir cette capacité, et, dans une autre portion du piston, elle est expulsée par la vapeur de la chaudière et mêlée à l'eau que celle-ci renferme déjà. Cet appareil fonctionne à la manière de celui qui est connu sous le nom de *bouteille alimentaire*, à cela près que le seul piston produit les mêmes effets que les différents robinets de cette bouteille. L'appareil est, d'ailleurs, tellement disposé, que, si le niveau du liquide s'élève dans la chaudière, il se trouve entièrement noyé, et que, par conséquent, l'alimentation cesse aussitôt qu'elle deviendrait plus nuisible qu'utile.

La machine de M. Artige s'alimente d'une manière intermittente et automatique en ce que la bâche d'alimentation ne reçoit l'eau d'un réservoir supérieur que quand un flotteur occupe la position convenable. Lorsque la pompe a aspiré cette eau, l'alimentation cesse jusqu'à ce qu'une nouvelle quantité de liquide tombe dans la bâche d'alimentation par suite de la descente du flotteur.

M. Duvoir, de Liancourt, ouvre ou ferme le robinet de la pompe par un flotteur du même genre, et parvient ainsi à maintenir le niveau de l'eau parfaitement constant.

On voit, par ces détails, combien l'attention des constructeurs est appelée sur la nécessité d'avoir de bons appareils d'alimentation : quelques-unes de ces tentatives réussiront et amélioreront d'une manière notable la condition actuelle des machines motrices locomobiles à vapeur.

3° *Manéges.*

Nous passerons maintenant aux appareils qui servent à transmettre aux machines l'action des moteurs animés; ces appareils sont les manéges fixes ou locomobiles. Leur construction ne présente pas, à beaucoup près, depuis quelques années, autant de progrès que celle des machines à vapeur.

Les manéges exposés se composaient tous d'un arbre vertical mis en mouvement par un levier horizontal à l'extrémité duquel s'appliquent les animaux marchant dans une piste circulaire. Seulement on peut les diviser en deux classes: dans les uns, la transmission de mouvement se trouve en l'air; dans les autres, elle est par terre.

Dans la première de ces divisions, se trouve le manége à arbre vertical de M. Pinet, qui, au moyen d'une poulie horizontale et d'une courroie, transmet son mouvement à distance; cet arbre, bien guidé dans une colonne creuse, peut être très-léger, et M. Pinet, depuis l'exposition de 1856, a rendu son manége locomobile en le montant sur deux petites roues qu'il loge dans le sol pendant le fonctionnement. Tous les rouages étant à la partie inférieure et près du sol, cet appareil a une assez grande stabilité à cause de la facilité avec laquelle il s'adapte aux machines les plus diverses; il a rendu de très-grands services à l'agriculture.

M. Pinet ayant reçu, ainsi qu'il a été dit en commençant, une des grandes médailles d'honneur, le jury a considéré son manége comme étant hors de concours, et il a décerné le deuxième prix à M. Duvoir pour un manége dont les différents engrenages sont placés au-dessous d'un châssis en bois monté sur quatre roues de grandeur convenable. Les bras seuls de l'attelage passent au-dessus de ce châssis; au-dessous, une grande couronne dentée engrène avec un pignon qui, au moyen d'un arbre formé de plusieurs parties assemblées à joints de Cardan, va transmettre le mouvement à l'outil qu'il s'agit de faire mouvoir. Cette dis-

position est simple et solide, et c'est à cause de cette simplicité même que le jury a voulu appeler sur elle l'attention.

Le manége de M. Lecointe, de Saint-Quentin, auquel le
troisième prix a été accordé, coûte assez cher, 800 francs.
Seulement il est construit comme se construisent les machines solides. Une grande plaque de fondation en fonte, de
forme bien raisonnée, est montée sur quatre petites roues
qui servent à déplacer l'appareil dans l'intérieur d'une exploitation; sous cette plaque se cache l'engrenage qui transmet le mouvement à un pignon et, par l'intermédiaire d'un
arbre inférieur, à la machine à laquelle le manége doit être
appliqué. Ce manége porte aussi un arbre vertical qui peut
servir comme celui du manége Pinet dans le cas où l'on
veut opérer par courroie.

Il s'est produit, dans ces derniers temps, un type particulier de manége dans lequel une roue dentée tourne, avec
les bras du manége, autour d'un arbre central sur les ap-
pendices duquel sont fixés les divers rouages verticaux qui
permettent d'arriver à la vitesse voulue pour la poulie motrice; celle-ci est calée sur l'arbre horizontal du dernier de
ces engrenages.

M. Damey, le premier, a installé ce système sur ses machines à battre à manége direct. On doit, d'ailleurs, rendre
à ce constructeur la justice de dire que les premiers manéges
locomobiles employés en France sont sortis de ses ateliers.
Les manéges de ce genre sont, en général, fixés sur un train
à quatre roues qui permet de les transporter comme une
charrette ordinaire partout où il en est besoin.

M. Opter avait aussi exposé un manége de ce système,
parfaitement étudié au point de vue mécanique. A côté de
cet exposant, il faut citer M. Gérard pour des manéges presque identiques, mais un peu moins bien installés.

On doit encore signaler l'habileté avec laquelle M. Loriot
a réalisé un autre type de manége formé d'une grande
couronne d'un diamètre horizontal plus grand que celui
de la piste des animaux, et qui transmet directement le

mouvement à l'un des pignons de la machine à battre. De bonnes dispositions sont prises dans cet appareil pour éviter les inconvénients que pourraient présenter les inégalités de cette grande roue dentée, qui se trouve recouverte en totalité par un toit, et maintenue en l'air au moyen d'étriers en fer, de manière à abriter les chevaux de la pluie et du soleil. Le principe d'un tel manége étant admis, il serait difficile de le réaliser dans des conditions plus simples et meilleures, mais on ne peut l'utiliser que pour des installations essentiellement permanentes.

4° *Instruments de pesage.*

Nous passerons maintenant à ce qui concerne les bascules et instruments de pesage dont l'utilité est enfin reconnue dans les exploitations rurales. Trop longtemps on s'était contenté d'appréciations approximatives. On a enfin compris que la première base d'une comptabilité sérieuse consiste dans les données fournies par des pesées convenablement multipliées.

La collection la plus complète d'instruments de pesage avait été présentée par MM. Catenot, Béranger et comp., de Lyon. On doit surtout signaler leur bascule avec tablier en fonte, du prix de 120 francs, et un pont à bascule du prix de 700 francs.

L'excellente construction des appareils fournis par cette maison importante continue à justifier les hautes récompenses qui lui ont déjà été accordées aux précédentes expositions, et que le concours de 1860 a consacrées.

Les instruments de M. Kuhn, qui se livre, dans le Bas-Rhin, à une fabrication importante, sont surtout remarquables par leurs bas prix. On doit citer notamment une bascule pour fourrage, du prix de 80 francs, comme un exemple de bon marché tout à fait exceptionnel.

Les perfectionnements de détail apportés par M. Girault

dans le système de suspension de ses bascules ont été le motif principal du troisième prix attribué à cet exposant.

Des mentions honorables ont, en outre, été accordées :

1° A M. Paquerée pour une disposition ingénieuse qui lui permet d'enregistrer en caractères d'imprimerie le résultat de chaque pesée d'une manière très-simple;

2° A M. Paul François pour une bascule à fourrages du prix de 100 francs, et en général pour sa collection d'instruments de pesage très-variés;

Et 3° à Mme la comtesse de Vernède de Corneillan pour un peseur-ensacheur dont l'idée première est due à son oncle, M. Philippe de Girard.

5° *Objets divers.*

En dehors des prix proposés par l'administration de l'agriculture, il y a eu lieu de décerner différentes récompenses pour des objets qui se rapportaient aux appareils généraux employés dans les fermes.

M. Daire, après avoir débuté dans la carrière industrielle comme simple ouvrier, est parvenu à créer à Amiens un établissement important dans lequel, par l'emploi des riblons des fontes de Suède et de Norwége, il fabrique des fers d'excellentes qualités pour essieux, pour cercles et pour tous les usages qui exigent de bons matériaux. Il avait envoyé au concours une collection d'essieux très-remarquables, des vis de pressoirs fort bien exécutées, ainsi que des pièces détachées pour charrues. Il lui a été décerné une médaille d'or.

M. Hubert est un ingénieur bien connu pour les travaux qu'il a exécutés dans un grand nombre de villes de France, pour la distribution des eaux dont il s'est fait en quelque sorte une spécialité.

La machine à vapeur locomobile avec pompes adhérentes, que M. Hubert a construite et dont il avait présenté deux modèles à l'exposition, est destinée à rendre de grands services. Grâce à une disposition particulière des clapets, ces pompes peuvent fonctionner à 80 coups de piston par minute, sans donner lieu à des chocs sensibles; les conditions variées dans lesquelles elles ont été essayées ont démontré les mérites de leur construction. Un seul de ces appareils, de la force de 3 chevaux, peut élever, par heure, 150 mètres cubes d'eau à 10 mètres de hauteur. L'une des machines exposées a été achetée pour l'observatoire impérial, l'autre pour le service municipal des promenades de la ville de Paris. Toutes deux peuvent être employées de la manière la plus favorable en cas d'incendie, et l'on peut aussi, à l'aide d'un simple débrayage, s'en servir comme si les pompes n'existaient pas, et par conséquent les appliquer accessoirement à tous les usages ordinaires des machines à vapeur locomobiles. L'importance des travaux de M. Hubert, l'intérêt tout particulier que méritent ses nouvelles pompes à vapeur, étaient des titres bien suffisants pour la médaille d'or qui a été décernée à cet exposant.

M. Vernay s'est occupé d'améliorer les instruments à l'aide desquels la manœuvre des fardeaux s'opère. Par l'emploi bien entendu des fers-cornières, il a construit un appareil qui permet de peser un tonneau ou un sac, de les élever à une certaine hauteur, de les charger ou de les décharger à la place convenable. Il a réduit le poids de l'appareil autant que possible, tout en lui laissant la solidité nécessaire à un bon usage. Une médaille d'argent lui a été accordée.

La même récompense a été décernée à M. Bernard pour sa fabrication très-bien entendue de crics pour tous usages. La disposition de celui qui était exposé était très-convenable, et l'exécution en était irréprochable. Son prix était de 150 francs.

La grue locomobile de M. Haranger présentait cette disposition fort importante que le contre-poids se déplace de lui-même de manière à équilibrer toujours la charge plus ou moins grande qu'on lui fait porter. La grue n'est plus sujette à être entraînée par la charge; ce résultat est obtenu d'une manière simple au moyen d'une corde qui, fixée à l'arrière du contre-poids, vient s'enrouler sur une poulie de rayon variable, sur une sorte d'escargot que la charge fait tourner sur son arbre jusqu'à ce que l'équilibre soit établi entre l'action de la charge dans un sens et celle du contre-poids dans l'autre. Le déplacement même du contre-poids permet de connaître approximativement le poids du fardeau. Cette heureuse disposition mérite d'être recommandée; elle a valu à M. Haranger une médaille de bronze.

M. Galy-Cazalat avait fait disposer sur le terrain même de l'exposition un spécimen de ce qu'il appelle ses chemins de fer auxiliaires. Construites en fer rond de 5 à 6 centimètres de diamètre, les lignes de fer de M. Galy-Cazalat sont posées dans deux sillons garnis d'une couche de béton hydraulique établis sur les bas côtés d'une route ordinaire, où ils ne présentent que la saillie à peine sensible d'un léger bourrelet. De 5 en 5 mètres, c'est-à-dire aux extrémités de chaque rail, les bouts contigus sont encastrés et fixés sur un dé en bois qui assure au système une durée certaine. Les roues des véhicules présentent une gorge creuse qui doit épouser la forme convexe des rails. On comprend que ce mode de construction, d'ailleurs très-économique, diminue dans une proportion considérable le travail ordinaire de traction. Toutefois l'ingénieur-inventeur n'avait encore fait de ce système aucune application qui pût motiver une récompense d'un ordre plus élevé qu'une mention honorable par laquelle le jury a voulu manifester la sympathie que méritent les travaux si persévérants de M. Galy-Cazalat.

Une mention honorable a été encore décernée à M. Jassenne, receveur municipal à Corbeil, qui a établi dans le département de Seine-et-Oise, près de Corbeil, un moulin qu'il appelle turbine hydraulique, et qui paraît avoir donné des résultats satisfaisants dans cette première application.

2ᵉ SECTION. — *Pompes, machines hydrauliques, machines à fabriquer les tuyaux de drainage, instruments divers.*

La deuxième section, d'après les instructions remises par l'administration de l'agriculture, avait à examiner des objets extrêmement variés, savoir : pompes, machines hydrauliques, instruments de météorologie et de jaugeage, forges et outillage d'atelier de ferme, terrassements, drainage, machines à faire les tuyaux et à drainer, architecture et constructions rurales, livres et plans.

Malgré cette diversité d'objets, le programme n'avait réservé que quatre catégories de prix, de telle sorte que les récompenses hors classe ont été beaucoup plus nombreuses que les récompenses prévues. On n'avait pas songé à l'extrême diversité des objets que présente ce qu'on appelle aujourd'hui le *génie rural.* Toutefois, placer les livres et les plans au milieu des instruments a paru au jury une extension bien grande du mot *machine,* malgré la puissance que donne l'imprimerie pour la propagation du progrès. Comment juger, en quelques minutes et en passant devant un étalage de nombreux livres, des systèmes de culture, des idées longuement exposées. Était-ce l'éditeur qu'il fallait récompenser ou l'auteur? Le jury a pensé qu'il devait s'abstenir, malgré la lettre du programme. On ne peut qu'approuver cette sage décision.

Nous allons donc nous borner à passer en revue les objets qui méritaient réellement les noms de machines. En première ligne se présentaient les pompes.

1° *Pompes.*

Les pompes exposées étaient extrêmement nombreuses : quelques-unes étaient envoyées par des fabricants qui avaient déjà remporté de nombreuses récompenses dans les

concours antérieurs, et arrivaient avec la sanction de leur
utilité consacrée par la plus longue pratique; quelques autres apparaissaient pour la première fois, et présentaient des
inventions qu'il était difficile de juger au point de vue de la
résistance et de la solidité, conditions indispensables à remplir pour des instruments exposés, comme les pompes, à
toutes les intempéries, ou bien soumis à des agents corro-
sifs, tels que le jus de fumier, le liquide des distilleries, etc.
Aussi le jury, dans ses appréciations, a-t-il tenu compte surtout des faits déjà acquis dans la pratique, et il a mis en première ligne les constructeurs dont les appareils étaient
connus pour avoir fonctionné avec succès dans les fermes ou
les usines annexées aux exploitations rurales.

Le jury a dû, outre les trois prix promis par le programme,
décerner deux rappels de prix et quatre mentions honorables,
dans l'ordre suivant :

Rappel de 1er prix : M. Faure, 45, rue des Marais-Saint-
Martin, à Paris;

1er prix : M. Leteslu, 118, rue du Temple, à Paris;

Rappel de 2e prix : M. Stolz, 10, rue de Boulogne, à
Paris;

2e prix : M. Perreaux, 16, rue Monsieur-le-Prince, à Paris;

3e prix : M. Hervé, au Mans (Sarthe);

Mention honorable : M. Chataing, 32, rue de la Villette,
à Belleville-Paris;

Mention honorable : M. Christen, 6, rue Neuve-d'Orléans,
à Paris;

Mention honorable : MM. Levert et comp., 218, rue du
Faubourg-Saint-Martin, à Paris;

Mention honorable : M. Thirion, 7, rue Bayard, à Paris.

Les pompes portatives de M. Faure sont à double effet et
présentent des soupapes en fonte et ayant la forme de seg-
ments sphériques, qui sont disposées de manière à écarter
toutes les causes de dérangement. Des chapelles de refoule-
ment sont, en outre, adaptées à ceux de ces appareils qui
doivent servir comme pompes élévatoires ou comme pompes

à incendie. M. Faure construit des pompes de toute dimension et, par conséquent, à des prix très-variés ; mais ces prix ont paru au jury n'avoir rien d'exagéré.

Les pompes de la maison Letestu sont renommées depuis longues années ; on sait que le système général de leur construction consiste à employer des corps flexibles et mous pour former les soupapes, afin d'éviter les chocs et de permettre le passage ou la présence des corps étrangers dans les orifices, sans que le jeu des appareils soit arrêté. Ces soupapes coniques, garnies de cuir, paraissent toujours les meilleures ; ce sont celles, du moins, qui sont préférables pour les pompes rurales.

Les pompes rotatives de M. Stolz continuent à être exécutées d'une manière satisfaisante ; elles servent surtout comme pompes à arrosages ou à incendie.

L'excellent piston et les clapets en caoutchouc imaginés par M. Perreaux ont obtenu la sanction de l'expérience et présentent un caractère de simplicité qui les a fait apprécier.

Les pompes de M. Hervé sont entièrement construites en bois ; elles débitent un volume d'eau considérable élevé à une petite hauteur ; elles sont, en outre, d'un prix très-modique, ce qui explique leur propagation dans le département de la Sarthe.

Les pompes de MM. Chataing, Christen, Levert et Thirion apparaissent pour la première fois dans les concours, ainsi que beaucoup d'autres ; le jury les a distinguées parce que leur bonne construction promet des services utiles dans les emplois agricoles. M. Christen avait aussi exposé des robinets à clefs tournantes et formées de rondelles de cuir, qui ont l'avantage de ne pas gripper, d'avoir un frottement doux et d'opérer une très-bonne fermeture.

Le jury a regretté de n'avoir pas à signaler de bonnes pompes pour les irrigations ou pour les desséchements.

Cependant il a cru pouvoir décerner une médaille d'argent à M. Pinet pour son tympan élévatoire, une médaille de bronze à M. Raveneau pour une écope de grande dimension, et des mentions honorables à M. Dumas, de Montbard, pour une noria, et à M. Fauconnier, pour une pompe mue par un manége, présentant des dispositions qui pourraient être imitées dans quelques exploitations rurales.

2° Appareils pour l'irrigation et le drainage.

Les travaux d'irrigation proprement dits ne présentaient presque aucun objet digne d'être signalé. Le jury a cru devoir cependant décerner une médaille d'argent à M. Hallié, de Bordeaux, pour sa ravale culbuteuse destinée aux nivellements des prairies.

Le drainage était représenté par des malaxeurs, des machines à fabriquer les tuyaux, des modèles de fours, des collections d'instruments à main, des tuyaux et des plans de travaux exécutés.

Les malaxeurs exposés ne présentaient aucune disposition nouvelle; ils étaient tous des perfectionnements des tonneaux malaxeurs ordinaires à arbres verticaux, munis de bras disposés de manière à faire suivre aux matières à mélanger une descente en quelque sorte hélicoïdale. Un rappel de prix a été décerné à M. Schlosser (11, rue de Picpus, à Paris), et deux prix, le 1ᵉʳ à M. Brethon, de Tours, et le 2ᵉ à M. de Vandœuvre, à Nantes.

Les machines à faire les tuyaux de drainage consistent ordinairement, comme on le sait, en boites dans lesquelles est foulée la terre avec laquelle on doit mouler; un piston que fait avancer le moteur, appliqué le plus souvent à une manivelle reliée à la tige du piston par un système d'engrenages convenable, presse cette terre contre des filières placées de l'autre côté. Souvent, en avant de cette filière, se trouve une grille destinée à épurer la terre, en s'opposant au passage des petites pierres; mais il est préférable d'épurer préalablement en faisant passer la terre d'abord dans les machines dégarnies de leur filière.

Les appareils exposés par M. Schlosser rendent ces opérations faciles ; la mobilité des boîtes cylindriques que l'on enlève de dessus les machines pour les remplir fait que le travail est très-rapide. Le jury a donné le 1er prix à ce constructeur, dont les machines sont, d'ailleurs, très-répandues en France. Trois autres prix ont été décernés à MM. Laurent, Vitard et Salomon.

Les machines de M. Laurent sont imitées des machines anglaises de Williams ; elles sont bien construites ; elles sont assez répandues en France, ce fabricant ayant eu le mérite d'être un des premiers à en construire.

M. Vitard, de Beauvais, avait exposé une petite machine à levier qu'il avait perfectionnée par l'addition d'un petit treuil destiné à faire marcher le levier.

M. Salomon, directeur de la ferme-école de la Nièvre, avait envoyé une machine présentant une filière particulière destinée à mouler les tuyaux avec des colliers adhérents.

MM. Fauconnier, de Paris, Bootz-Laconduite, de Douai, Muel et Wahl, de Tusey (Meuse), ont été jugés dignes de mentions honorables pour des machines d'une bonne exécution et présentant quelques modifications heureuses, mais d'une importance secondaire.

Toutes ces machines paraissent suffire amplement aux besoins de l'industrie rurale ; le ralentissement des travaux de drainage, dû à des causes sur lesquelles ce n'est pas ici le lieu de s'expliquer, a, d'ailleurs, détourné les inventeurs d'un objet dont, pendant quelque temps, on s'était beaucoup occupé.

Les instruments à main, imaginés pour ouvrir des tranchées étroites, quoique profondes, dans tous les terrains, quelle que soit leur dureté, et de manière à rendre la fouille aussi peu considérable que possible, sont aujourd'hui connus de tout le monde : on en fait dans beaucoup de forges, suivant les modèles qui ont été recommandés par les auteurs des traités de drainage, et à des prix modérés malgré la bonne exécution. Plusieurs collections excellentes se trouvaient exposées. Le 1ᵉʳ prix a été décerné à M. Guérard des Lauriers, à Caen; le 2ᵉ, à MM. Pasquay frères, à Wasselonne; le 3ᵉ, à M. de Metz, qui a introduit, avec raison, cette fabrication dans les ateliers de forge de la colonie agricole de Mettray. Des mentions honorables ont, en outre, été accordées à M. Daire, d'Amiens, et à M. Goutorbe, de Roanne (Loire).

La propagation de ces instruments à main n'a pas moins fait pour la vulgarisation du drainage que celle de l'emploi des tuyaux. Du reste, de bons conducteurs de travaux ont pris l'habitude de toutes les opérations du drainage, et dans presque tous nos départements il y a aujourd'hui des hommes habiles pour les exécuter. Le tracé sur le terrain, le lever des plans, la détermination des cotes de nivellement, la vérification des pentes des tranchées, tout est devenu, sinon facile, du moins régulièrement exécutable.

Le jury a pu décerner, en connaissance de cause, des médailles d'or à M. Aboilard pour l'exécution de grands travaux de drainage, principalement dans le département de Seine-et-Marne;

A M. Jacquemart, qui a fait faire lui-même de beaux travaux de drainage dans sa propriété du département de l'Aisne;

A M. Vandercolme, qui a non-seulement drainé ses fermes, mais qui, par son exemple et ses publications, a fait exécuter de grands travaux d'assainissement dans l'arrondissement de Dunkerque, autrefois découpé par une foule de fossés qui, régularisés et comblés, restituent une grande surface à la culture;

A M. Jules Lefèvre, architecte à Rouen, inventeur de l'excellent niveau de pente nommé *clitographe*, d'un prix peu élevé, d'un maniement facile, et donnant des indications d'une exactitude suffisante pour toutes les opérations de drainage et d'irrigations.

Des médailles d'argent ont été décernées à M. Marcq, à

Mantes (Seine-et-Oise), inventeur d'un régulateur pour les tranchées de drainage après leur fouille par les ouvriers;

A M. Barbier, qui a dirigé de bons travaux de drainage et d'irrigations, et qui est auteur de divers systèmes de fours économiques pour la cuisson des tuyaux, fours qui pourraient rendre des services si une nouvelle et vive impulsion était donnée au drainage;

A M. Vianne, auteur de divers travaux de drainage estimables;

A M. Alliot, inventeur de tuyaux de drainage à double embranchement avec arrêt, qui peuvent être employés avantageusement pour la jonction des petits drains dans les collecteurs.

Des médailles de bronze ont aussi été accordées à M. le comte d'Ussel, directeur de la ferme-école des Plaines (Corrèze), et à M. d'Huicque, à Survillers (Seine-et-Oise), pour des niveaux de pente destinés à l'irrigation et au drainage.

Enfin des mentions honorables ont encore été données à MM. Ollivier, à Marezat-Cressac (Haute-Loire), et Beauvais, à la Neuville-en-Hez (Oise), qui avaient envoyé des plans de travaux très-bien exécutés; et à M. Dijon, inventeur d'une sonde pour déboucher les tuyaux obstrués par des racines de plantes ou des dépôts ferrugineux et calcaires.

3° *Constructions rurales.*

Les constructions rurales ne présentaient pas des objets qui fussent de nature à être fortement recommandés aux agriculteurs. Cependant des médailles de bronze ont été décernées à M. Pombla et à M. Guicestre et comp., pour des hangars assez bien disposés; à M. Ruolz, pour ses tentatives qui mériteraient d'être suivies, à l'effet d'obtenir des enduits qui rendraient réellement imperméables les toitures en carton bituminé.

4° *Plans et cartes agronomiques.*

Les plans, les cartes agronomiques, les dessins de machines

agricoles ou d'animaux perfectionnés ont également appelé l'attention du jury. Il est utile que des hommes de talent s'appliquent à résoudre toutes les questions qué soulève l'agriculture. Des médailles d'argent ont été décernées à M. Gaudin, à Bayeux (Calvados); à M. Baudoin, à Châtillon-sur-Seine (Côte-d'Or) ; à M. Rouyer et à M. Guiguet : le premier avait exposé un grand nombre de plans de propriété; le deuxième, des cartes agronomiques pour l'arrondissement de Châtillon-sur-Seine ; le troisième, des dessins d'animaux ; le quatrième, un grand nombre de dessins d'instruments aratoires et de machines agricoles. M. du Villiers et M. le Breton avaient envoyé des plans de parcs et de jardins auxquels on a décerné des mentions honorables.

M. de Galbert, à la Buisse (Isère), avait exposé les plans de son établissement de pisciculture, ainsi que le projet de repeuplement du lac de Bourget. La pisciculture peut rendre des services, et le jury a voulu montrer qu'il attachait de l'importance à la question en décernant une médaille d'or à M. Galbert pour les résultats qu'il avait déjà obtenus.

5° *Objets divers.*

Parmi les objets non classés, le métier à paillassons de M. le Dr Jules Guyot a été jugé digne du rappel de la médaille d'or qui lui avait été décernée dans un concours précédent. Les forges portatives, simples et commodes de MM. Enfer père et fils ont reçu une médaille d'argent; c'est encore cette récompense qui a été décernée à M. Ratel pour sa petite enclume à battre les faux. Les tuyaux en papier goudronné de MM. Jaloureau et comp. ont reçu une médaille de bronze, et il en a été de même des pierres à aiguiser les faux de M. Desplanques, de la machine à battre les faux de M. Dubois, et de l'appareil pour les aiguiser de M. Rangode.

Enfin la collection d'instruments de M. Groulon pour la taille des arbres a reçu également une médaille de bronze.

3ᵉ Section. — *Instruments d'extérieur de ferme.*

L'ensemble des instruments réunis dans cette section présentait un très-grand nombre de charrues appartenant à tous les systèmes proposés jusqu'à ce jour et destinés à toute sorte de labours, beaucoup de herses, des rouleaux variés et plusieurs extirpateurs ou houes à cheval. La plupart de ces instruments ont été essayés dans un champ loué, à cet effet, par l'administration de l'agriculture, à Villiers, près de Neuilly. L'examen attentif auquel s'est livré le jury, et les expériences qu'il a faites, ne lui ont pas fait reconnaître d'invention proprement dite méritant une approbation explicite, mais seulement quelques perfectionnements de détail.

1° *Charrues.*

Les charrues propres à tous labours de M. Bella, directeur de Grignon, ont été regardées comme ayant conservé le rang qui leur avait été donné dans les concours précédents. Ont été placées ensuite, par ordre de mérite, la charrue de M. Trousseau pour un 1ᵉʳ prix, celle construite à Mettray pour un 2ᵉ, celle construite par M. Bodin et exposée par M. Peltier pour un 3ᵉ, celle de M. Hallié, de Bordeaux, pour un 4ᵉ; enfin une mention honorable a été accordée à la charrue de M. Parquin. Tous ces instruments étaient déjà connus des agriculteurs; ils sont tous estimés : le classement qui en a été fait est plutôt une conséquence de la nature du terrain que d'une comparaison de la valeur propre de chacun d'eux.

Les charrues destinées aux labours profonds ou aux défoncements appelaient d'une manière particulière l'attention. Le jury s'est décidé, pour les appareils qui partagent le travail, en deux parties; telles sont les charrues de M. Demesmay, dont l'une creuse d'abord un sillon de 0ᵐ,20 à 0ᵐ,25 de hauteur, tandis que l'autre, dont le versoir a été enlevé, soulève derrière la première un nouveau sillon d'environ 0ᵐ,15 ; de telle sorte que le labour se trouve fait sur lne épaisseur totale d'environ 0^m,35, sans que la couche plus profonde soit mélangée avec la couche superficielle. Le jury a pensé que, dans cette manière de procéder, la dépense de force motrice était moindre qu'avec des charrues soulevant d'un seul coup la même épaisseur de terre, et ramenant pour la plupart le sous-sol à la surface. Cependant un second prix a été décerné à M. Forest-Colin pour un brabant double, et à M. du Seutre pour un araire à age courbe muni d'un régulateur qui permet de descendre à une assez grande profondeur.

Parmi les charrues destinées aux labours légers, le jury a signalé particulièrement l'araire de M. Josso, qui ne coûte que 25 fr., mais qui n'est peut-être pas suffisamment solide. Ont été placées ensuite les charrues de MM. Laurent et Vastelier.

La charrue Dombasle, exposée par M. Ganneron, a été jugée la meilleure pour les labours en sols forts et tenaces ; c'est au même système qu'appartenait la charrue construite à la colonie de Mettray, qui a été placée en seconde ligne. Une mention honorable a été décernée à un araire de grande dimension construit par M. Letessier.

Les charrues tourne-oreilles, dont l'emploi s'étend de plus en plus dans la Picardie, et surtout aux environs de Soissons, où la culture à plat est habituelle, appartenaient principalement au système de deux charrues Brabant superposées et dont le corps tout entier bascule autour d'un axe horizontal à l'extrémité de chaque raie. Le jury a donné le 1er prix à la charrue de MM. Henry frères, le 2e à celle de MM. Echard et comp., et deux mentions honorables à MM. Mennechet et Roy.

Pour les défrichements, les charrues de Grignon, puis de M. Hallié, et enfin celle de M. Bodin, exposée par M. Peltier, ont été regardées comme les meilleures.

Plusieurs charrues sous-sol étaient exposées. Le jury a donné le 1er prix à l'araire-fouilleuse de M. Demesmay, le 2e à l'araire de M. Rivaud, le 3° à la fouilleuse de M. Clamageran. Toutes se recommandent par une grande solidité. Une charrue tourne-oreilles à quatre socs de M. Breduilliard a paru très-convenable pour le déchaumage et l'ensemencement sous raies ; il lui a été décerné une médaille d'argent. Le bisoc de M. Dethan a eu aussi une médaille d'argent, et celui de M. Laurent une médaille de bronze.

Les charrues spéciales pour la culture de la Vigne, de M. du Seutre et de M. Hallié, ont eu, chacune, une médaille d'argent, et deux médailles de bronze ont été décernées à M. Renault-Goin et à M. Messager pour des charrues ayant le même but.

2° *Herses.*

Parmi les herses, il n'y avait aucun instrument nouveau. Les systèmes de herses articulées et de herses à chaînes inventés en Angleterre sont maintenant employés dans l'agriculture française ; ce sont eux qui ont remporté les premiers prix, soit qu'il s'agît du hersage énergique ou du hersage léger. La herse parallélogrammique dite de Valcourt, exposée par M. Rivaud, a été mise au second rang dans la catégorie des grosses herses ; et les herses accouplées de Grignon, au second rang dans la catégorie des herses légères. Ont été placées ensuite deux herses de MM. Poncet et Bonnet.

Une mention honorable a été décernée à M. de Calbiac pour une brosse métallique inventée par M. de la Ville-Montbazon, et servant à détruire les mauvaises herbes pendant les gelées ; cet instrument se compose de 90 pièces de bois d'une largeur de $0^m,15$ sur une longueur de $0^m,20$ et une épaisseur de $0^m,04$. Chacune d'elles est armée de huit ressorts en fil de fer. Ces pièces de bois sont réunies les unes aux autres par de petites cordes de manière à former six rangées de quinze chacune, le tout occupant un carré de $1^m,50$ de côté. Cet instrument s'attelle comme une herse et s'adapte parfaitement à toutes les ondulations du terrain.

Les instruments nommés cultivateurs, scarificateurs ou

extirpateurs ne présentaient non plus rien de nouveau; ils étaient tous faits suivant des modèles déjà connus. Le jury a placé les exposants des appareils récompensés dans l'ordre suivant : 1° M. Depoix; 2° M. Peltier; 3° M. Echard; 4° M. Aussenard-Thevret; 5° M. Legendre.

3° *Houes à cheval.*

Les houes à cheval exposées, soit pour la culture des céréales, soit pour celle des racines, appartenaient aux systèmes déjà connus. Celle de M. Portal de Moux, appropriée aux cultures méridionales, a été jugée digne d'un 1er prix; les autres étaient construites, pour la plupart, d'après des modèles venus d'Angleterre. Celles de MM. Hamoir, Echard et Bodin ont été particulièrement désignées par des prix à l'attention des cultivateurs.

Un instrument multiple, servant tout à la fois, à l'aide de pièces de rechange, de fouilleur, d'extirpateur, de houe à cheval, et étant en même temps commode pour ensemencer les grosses graines et particulièrement planter les Pommes de terre, a été signalé par le jury comme pouvant être recommandé à la petite culture. C'est un simple binot-fouilleur à socs mobiles, qu'avait exposé M. Redier et auquel il a été décerné une médaille d'argent.

M. Maissiat avait aussi exposé une machine multiple dont quelques parties ont paru au jury mériter l'attention. Quand elle aura été simplifiée, que ses dimensions et son poids auront été réduits, elle pourra appeler de nouveau l'attention des agriculteurs. La persévérance et les efforts de M. Maissiat ont, d'ailleurs, paru devoir être encouragés; il a soumis à une étude attentive l'état du sol propre à recevoir la semence, la profondeur à laquelle les graines doivent être déposées, et toutes les circonstances de l'opération.

4° *Rouleaux.*

Les rouleax propres à briser les mottes ou à rouler les

terres ensemencées et les prairies appartenaient, pour la plupart, aux systèmes déjà connus de disques plats ou dentés placés les uns à côté des autres. Les prix ont été décernés à MM. Jacquet-Robillard, Lefebvre et Legendre. Une médaille d'argent a été accordée à Mme la princesse Bacciocchi pour un rouleau à disques tranchants destinés à découper soit les terres gazonnées, soit les mottes retournées par la charrue dans le défrichement des landes. Cet instrument paraît rendre des services en Bretagne. Une mention honorable a été décernée à un gros rouleau plat exposé par M. Barbeau.

5° *Charrues à vapeur.*

Des charrues à vapeur ont aussi été examinées à Villiers; les systèmes de M. Fowler, puis de MM. Smith et Howard, et enfin une charrue construite en France par M. Lotz, de Nantes, ont appelé l'attention. Dans tous ces systèmes, la machine à vapeur locomobile était placée à poste fixe dans le champ et transmettait, au moyen d'un cordage et de poulies de support et de renvoi, le mouvement à des charrues polysocs ou à des espèces de scarificateurs. Ces appareils, fondés, du reste, sur une méthode figurée, en 1726, sous le n° 270, dans les machines approuvées par l'Académie des sciences, et dans laquelle l'inventeur, M. Lassise, proposait un moulin à vent locomobile pour labourer les terres sans bestiaux, exécutaient de bons labours, mais évidemment à des prix plus élevés que la charrue ordinaire. Il a paru, en conséquence, que le problème était seulement en voie de solution, et que des perfectionnements devaient être demandés aux inventeurs avant qu'on conseillât d'appliquer leurs systèmes dans les fermes.

4e SECTION. — *Semoirs, plantoirs et instruments d'horticulture.*

La 4e section du jury des instruments s'est surtout occupée des semoirs et des instruments de petite culture. Tout le monde sait que les semoirs ont pour but de remplacer la main de l'homme pour distribuer les semences à la surface de la terre. Dans quelques-uns de ces appareils les constructeurs se proposent, en outre, d'enterrer les graines à la profondeur convenable sans avoir besoin de recourir à un passage de la herse. Deux catégories principales de semoirs existent depuis le commencement de ce siècle. Ce sont les semoirs à la volée et les semoirs en lignes. Ces derniers sont les plus employés en France où l'on a vu principalement dans les semoirs l'avantage de distribuer les graines facilement et d'une manière régulière, afin de pouvoir ultérieurement effectuer les sarclages et les buttages d'une manière plus économique en se servant principalement des instruments conduits par les chevaux. Dans plusieurs instruments on a pour but de répandre, en même temps que les semences, autour des graines, soit de l'engrais pulvérulent, soit de l'engrais liquide. Enfin il y a des semoirs à toutes graines et des semoirs spéciaux pour les graines de céréales et pour les graines de racines. On distingue aussi les semoirs des grandes et des petites exploitations, mais ces appareils ne diffèrent les uns des autres que par leurs diminutions.

Le programme avait établi cinq catégories de semoirs, que nous allons passer en revue.

Parmi les semoirs en ligne à toutes graines *pour grandes exploitations*, se trouve d'abord celui exposé par la Société d'agriculture de Rouen; c'était un semoir anglais du système Smith à treize rayons. Il semble d'abord présenter une certaine complication, mais un examen attentif ne tarde pas à faire reconnaître que cette complication est plus apparente que réelle; le constructeur a résolu de la manière la plus simple chacun des problèmes que lui posaient les diverses exigences de la culture. L'expérience de plusieurs années a démontré que la solidité de ce semoir ne laisse rien à désirer, et que les ouvriers ruraux se familiarisent promptement avec son maniement.

Le semoir de Smith était le plus complet et le plus parfait

des instruments de sa catégorie, et le jury a été heureux d'accorder le 1er prix à l'appareil exposé par la Société d'agriculture de Rouen, qui a fait, avec tant de succès, depuis plusieurs années, de si louables efforts pour en répandre l'usage en Normandie.

Le 2e prix a été accordé à MM. Échard et comp. pour leurs semoirs-billonneurs, inventés par M. Essembaume et exécutés par M. Delahaye. Ces instruments sont d'une construction solide et ont paru dignes de fixer l'attention par la manière remarquable dont ils résolvent le problème particulier que s'est posé leur inventeur.

Le semoir exposé par M. Clément est d'invention assez récente, et sa construction réclame encore beaucoup de perfectionnements; mais les réservoirs cylindriques en ferblanc qui renferment la graine présentent un moyen de réglage qui paraît ingénieux. Le jury a pensé qu'il serait utile d'encourager l'inventeur à poursuivre ses recherches et à perfectionner son appareil; en conséquence, une mention honorable a été accordée à M. Clément.

Parmi les semoirs en ligne à toutes graines *pour petites exploitations*, se placent au premier rang ceux de M. Jacquet-Robillard, qui sont très-répandus dans le nord de la France. L'appareil que ce constructeur a présenté réunissait à un haut degré les qualités de bon marché, de simplicité et de solidité qui conviennent aux instruments de cette catégorie. Dans des conditions difficiles, ce semoir a fonctionné de la manière la plus satisfaisante sous les yeux du jury, qui lui a accordé le premier prix.

Le 2e prix de cette classe a été décerné à M. Leconte. Les instruments construits par ce fabricant appartiennent à la famille des semoirs dits *à brosse*, instruments dans lesquels la trémie est fermée par une brosse. Les faisceaux de crin laissent passer les organes qui entraînent le grain, et, grâce à leur élasticité, referment, aussitôt après ce passage, toutes les issues à la graine. Le distributeur est formé d'un cylindre en bois tournant au fond de la trémie, à la surface duquel sont pratiqués les alvéoles proportionnés au volume des graines à semer. La profondeur des alvéoles est réglée par la tête d'une simple vis à bois qui en occupe le fond. Le jury a remarqué la disposition ingénieuse de l'arbre qui porte les cylindres de distribution. La simplicité des procédés employés pour obtenir un degré remarquable de précision, le bas prix et la solidité de ces semoirs, les rendent dignes de la récompense accordée à leur constructeur.

M. Yver de la Brucholerie, propriétaire-agriculteur à Thenay (Loir-et-Cher), s'occupait depuis longtemps, d'une manière toute particulière, de la culture des céréales. Le jury a examiné la solution mécanique du problème que s'était posé M. Yver de la Brucholerie, de semer des grains d'une dimension parfaitement déterminée et en nombre rigoureusement exact, problème qui peut avoir, à beaucoup de points de vue, un intérêt véritable pour le cultivateur. Le semoir de M. de la Brucholerie laisse encore beaucoup à désirer dans plusieurs de ses parties. Mais l'appareil de distribution de la graine a paru digne de l'attention des cultivateurs; c'est un semoir à alvéoles, offrant une grande précision en même temps que beaucoup de solidité et une grande simplicité de construction. Le jury a cru devoir appeler l'attention sur cette partie remarquable de l'instrument exposé par M. Yver de la Brucholerie, en lui accordant une mention honorable.

Il y avait un assez grand nombre de semoirs en ligne à toutes graines, répandant en même temps la semence et l'engrais pulvérulent; mais, à une seule exception près, ils étaient trop loin du degré de perfection que l'on est en droit d'exiger aujourd'hui des constructeurs pour mériter aucune distinction.

Le grand semoir système Smith, bien connu des agriculteurs, exposé par M. Piednue, offrait, au contraire, une solution très-satisfaisante des difficultés à vaincre pour répandre, à la fois et d'une manière convenable, le grain et l'engrais pulvérulent contenus dans deux trémies séparées.

En conséquence, le jury a accordé un 1er prix au semoir

de M. Piednue, heureux de récompenser en même temps ce constructeur de ses efforts intelligents pour la propagation de l'emploi des machines agricoles perfectionnées dans son département.

Le jury a eu le regret de n'avoir aucune récompense à décerner dans la catégorie des semoirs en ligne à toutes graines répandant en même temps la semence et l'engrais liquide.

Le 1er prix dans la catégorie des semoirs semant à la volée les céréales, les graines de prairies artificielles, etc., a été accordé à M. Calloch, à Plouhinec (Morbihan). Le jury a été heureux de rencontrer dans le semoir exposé par M. Calloch une idée nouvelle qui lui a semblé très-ingénieuse et appelée à un succès rapide. Le grain, entraîné hors de la trémie qui le renferme par une petite roue à palettes d'un réglage facile, tombe sur un disque horizontal, armé de deux bras creusés en forme de petites gouttières rectangulaires. Le disque et les deux bras sont montés sur un arbre vertical commandé par l'une des roues du semoir; ils reçoivent ainsi un mouvement rapide dans un plan horizontal et projettent le grain qu'ils reçoivent de la trémie sous forme d'une nappe circulaire parfaitement régulière, qui ensemence une zone à peu près égale en largeur au diamètre de la nappe de projection du grain. Les expériences répétées devant le jury et par chacun de ses membres, avec un semoir à brouette ainsi construit, n'ont pu laisser aucun doute sur les bons effets de l'instrument. Les ouvriers les moins exercés ont produit un travail aussi parfait que celui d'un semeur de profession. Le jury a pensé qu'il convenait d'encourager fortement l'heureux début de M. Calloch comme constructeur de semoirs, et lui a accordé un 1er prix.

Le 2e prix a été décerné à M. Jacquet-Robillard pour son semoir d'un système connu et justement apprécié depuis déjà longtemps.

Enfin M. Pinel, à Étrépagny (Eure-et-Loir), a obtenu une mention honorable pour un petit semoir à brouette remarquable par son bon marché et sa simplicité.

Aucun semoir à Betteraves, Carottes, Navets, etc., pour lesquels semoirs on avait fait une catégorie spéciale, n'a mérité de prix.

Le jury a cru pouvoir placer dans cette section le plantoir à Maïs de M. Portal de Moux, à Conques (Aude). Cet instrument, très-simple, n'est autre chose qu'un plantoir ordinaire de jardinier, qui, au lieu d'être terminé par une pointe, porte une longue virole tronc-conique en métal, dont la petite base présente une cavité demi-sphérique d'un diamètre égal à celui des plus gros grains de Maïs. Une cheville perpendiculaire au plantoir règle la profondeur à laquelle il peut s'enfoncer. Les grains de Maïs étant placés à la surface du sol, on les enfonce facilement et sans tâtonner à une profondeur régulière. Les renseignements fournis au jury et l'examen de cet instrument ne laissent aucun doute sur les services qu'il peut rendre à la petite culture; en conséquence, une mention honorable lui a été accordée.

Aucune collection d'instruments à main pour les travaux d'intérieur n'a paru assez complète ou assez remarquable pour mériter d'être signalée.

Enfin, dans la catégorie des instruments divers, le jury a accordé les récompenses suivantes :

1° Une médaille d'or à M. Arnheiter pour sa collection d'outils d'horticulture. Les services honorables rendus par M. Arnheiter depuis de longues années à ce genre de fabrication, l'esprit d'invention dont il a souvent fait preuve, l'excellente exécution de tous ses instruments justifient de la manière la plus complète cette haute récompense.

2° Une médaille d'argent à M. Aubert pour ses cisailles à tailler les haies et son sécateur. La forme ingénieuse de la partie tranchante de ces instruments diminue notablement l'effort à exercer et permet de ménager l'écorce environnante beaucoup plus qu'on ne peut le faire avec les outils habituellement employés.

3° Une mention honorable à MM. Limet et comp. pour une collection de cognées, hachettes, lames de hache-paille, de coupe-racines, de moissonneuses, etc. Le jury a vu avec plaisir une maison s'occuper spécialement de la fabrication des lames d'instruments aratoires. Cette fabrication peut rendre de grands services aux fabricants d'instruments agricoles et, par suite, à l'agriculture.

4° Enfin une mention honorable à M. l'Huilier pour un système de treuil destiné à élever et à abaisser les cloches des jardiniers. Cet appareil a semblé pouvoir rendre des services à l'industrie si intéressante de la culture des jardins maraîchers, qui se développe aujourd'hui autour de nos grandes villes d'une manière très-remarquable.

5° SECTION. — *Machines à battre et appareils de nettoyage pour les grains.*

La cinquième section du jury avait à juger du mérite des machines à battre et à nettoyer le grain. Elles étaient extrêmement nombreuses et présentaient un ensemble fort remarquable. Avant de les apprécier, il a paru utile de placer ici des considérations générales que M. Séguier a bien voulu remettre, pour une grande partie, au rapporteur.

Plusieurs procédés sont employés pour séparer les graines des céréales des tiges qui les ont portées.

Les plus anciens consistaient en une espèce de trituration de la paille par les pieds des chevaux, ou par son écrasement sous un lourd rouleau de pierre. Cette méthode est encore employée dans les contrées méridionales, où le climat permet, plus qu'ailleurs, d'exécuter le battage en plein air. C'est la méthode décrite par Virgile dans les *Géorgiques*. L'emploi de la batte ou fléau articulé est le moyen encore trop généralement usité dans les contrées du Nord pour effectuer l'égrenage; nous ne voulons pas désigner comme un procédé pratique le brisement des épis de quelques gerbes sur le bord d'un tonneau défoncé pour conserver la paille intacte et en faire des liens ou du chaume pour les toitures.

Telles étaient les seules méthodes suivies pour le dépi-

quage ou le battage des céréales, quand la science des machines est venue prêter à l'agriculture, pour cette importante opération, son très-utile concours.

Les premières tentatives pour remplacer l'action du fléau,
manœuvré directement par les bras de l'homme, consistè-
rent à mettre un ou plusieurs fléaux en action, au moyen
d'un cylindre à lames ou d'un arbre à coudes multiples
tourné par un ou plusieurs hommes. Dans une telle disposition ce n'étaient plus les instruments batteurs qui étaient
promenés sur la paille, comme le font encore les batteurs
en grange, frappant çà et là avec leur fléau sur les gerbes
déliées et jonchant l'aire de la grange, c'étaient, au contraire, les brins de paille qui passaient successivement sous
les organes batteurs. Une des premières machines de ce
genre, disposée avec quelque entente des règles qui doivent
présider au bon groupement d'organes mécaniques, a été
réalisée par l'habile horloger auquel les appareils à mesurer
le temps pour les usages civils doivent de notables perfectionnements ; nous voulons rendre, ici, hommage à la
mémoire de M. Pons de Paul, promoteur de la fabrique
d'horlogerie de Saint-Nicolas-d'Aliermont, généreux bien-
faiteur des ouvriers horlogers de cette localité, au secours
desquels il a voulu, en mourant, consacrer sa fortune si
honorablement acquise. Sa machine, soumise à l'examen de
la Société d'encouragement, fut reconnue ingénieusement
conçue et très-bien exécutée ; pourtant elle ne se répandit
pas, quoique son mode d'action imitât beaucoup le battage
au fléau. La routine, plus encore que la délicatesse des organes de cette machine et le prix élevé d'une construction
très-soignée, a empêché cette tentative d'avoir le succès qui a
couronné, plus tard, d'autres efforts faits dans le même sens.

Les machines à battre peuvent se classer tout d'abord en
deux catégories, celles qui agissent sur la paille dans toute
sa longueur à la fois, désignées généralement maintenant
sous le nom de *batteuses en travers*, et celles qui soumettent
successivement la paille présentée par l'une de ses extré-

mités à l'action de l'organe batteur, et pour cela nommées *batteuses en bout*. Chacune de ces deux classes peut encore se subdiviser en machines simplement batteuses, ne faisant que détacher le grain de la menue paille et de l'épi sans les séparer, et en machines batteuses complètes, c'est-à-dire séparant le grain de la menue paille et même de toutes espèces de graines et de corps étrangers.

Dans la composition d'une machine à battre entrent un certain nombre d'organes ayant, chacun, une fonction spéciale. Nous allons les indiquer dans un ordre logique. Nous décrirons succinctement leur forme, leur manière d'agir. Les divers groupements de ces organes constituent les différents genres de machines à battre.

Pour effectuer le battage, la première opération consiste à faire arriver la paille sous l'organe batteur. Certains constructeurs ont pensé qu'un appareil spécial était indispensable pour obtenir cet effet. Une toile sans fin, des rouleaux cannelés, agissant à la façon d'un laminoir, constituent ordinairement ce que l'on est convenu d'appeler le *livreur* ou l'*engreneur*.

D'autres mécaniciens ont laissé aux mains d'un manœuvre le soin de soumettre successivement la paille provenant des gerbes préalablement déliées à l'organe batteur. Celui-ci est, le plus ordinairement, composé d'une espèce de tambour à claire-voie tournant très-rapidement sur lui-même, frappant la paille au moyen de lames parallèlement espacées autour de sa surface enveloppante.

Le mode d'action des lames du cylindre les a fait appeler *battes*; leur nombre varie selon les dimensions de l'appareil. Elles sont en bois ou en fer, quelquefois l'un et l'autre à la fois; leur surface est plane, striée ou bouterollée. Tous ces détails constituent des différences auxquelles les constructeurs attachent parfois plus d'importance qu'elles n'en méritent.

Les constructeurs ont recours souvent à des qualités plus essentielles, à savoir, 1° le plus parfait équilibre de toutes les parties du batteur autour de son axe ; 2° une grande légèreté de l'appareil, pour éviter des pertes de force considérables, sous une très-grande vitesse, par suite des trépidations et des frottements résultant d'un poids d'autant plus nuisible qu'il est plus lourd et plus mal équilibré.

Quoiqu'en France les batteurs à lanterne, c'est-à-dire composés de battes distancées, soient généralement employés, et que les batteurs à surface continue, munis seulement de nervures parallèles à l'axe, soient la très-rare exception, nous devons indiquer la composition particulière du batteur des machines américaines, formé d'un cylindre à parois continues, revêtues de nombreuses tiges métalliques qui peuvent justifier, par leur grand nombre et leur mode d'implantation, le nom de batteur hérisson.

Une machine à battre ne renferme ordinairement qu'un seul batteur ; pourtant il y en avait une, au concours de 1860, pourvue de deux batteurs agissant simultanément, doublant ainsi le travail de la machine, mais aussi la rendant plus pénible à faire mouvoir. La prétention du constructeur de cette machine exceptionnelle était d'obtenir un rendement double, sans avoir dépensé tout à fait le double du travail moteur, tous les autres organes de la machine restant en nombre simple comme dans les machines à un seul batteur. L'expérience n'a pas été suffisamment prolongée pour constater jusqu'à quel point ses espérances étaient réalisées.

L'organe batteur est complété dans toutes les machines par sa contre-partie, c'est-à-dire par le contre-batteur ; celui-ci consiste en une espèce de caisse curviligne, tantôt pleine, mais à surface cannelée parallèlement à l'axe de la courbure ou bouterollée, tantôt à claire-voie et composée alors de tringles de fer rondes ou carrées, posées à petite distance les unes des autres.

L'opération du battage étant le résultat du frappement de la paille et des épis par les battes du batteur, et du froissement de cette même paille et de ces mêmes épis entre le batteur et le contre-batteur, on conçoit que la distance entre ces deux organes doit varier suivant la grosseur des épis et des tiges de céréales qu'il s'agit de faire passer entre eux pour obtenir toutes leurs graines; aussi l'une de ces deux pièces mécaniques est disposée de façon à s'écarter ou à se rapprocher de l'autre de la quantité précisement nécessaire pour opérer un bon battage.

Dans certaines constructions c'est le contre-batteur qui se déplace; pour cela il est articulé sur des tourillons. Des ressorts ou des contre-poids le ramènent contre un battoir dont la position détermine le minimum d'écartement. La flexibilité des ressorts ou le soulèvement des contre-poids lui permettent, au contraire, de s'écarter de toute la quantité nécessaire pour prévenir une rupture des organes dans le cas d'un engrènement trop considérable de paille ou de l'entraînement de quelque corps étranger, tel qu'une pierre ou une partie de lien de bois, ou même un nœud de lien de paille.

Des effets analogues sont produits dans d'autres systèmes de construction par le simple soulèvement du batteur, dont les coussinets qui supportent son axe glissent, à cet effet, dans des coulisses verticales; le poids du batteur le ramène à la distance normale réglée, dans ce cas encore, par des buttoirs contre lesquels les coussinets viennent s'arrêter. Des repères pratiqués sur les buttoirs, et des aiguilles indicatrices combinées avec eux, servent à faire voir extérieurement le rapport existant entre le batteur et le contre-batteur, et rendent le réglage de leur réciproque écartement certain et facile.

Quelques constructeurs bien avisés prennent le soin d'installer la courroie qui imprime au batteur son mouvement rotatif de façon que le poids en soit comme en partie soulagé. Presque tous les fabricants de machines à battre, pour diminuer les pertes de force dues au frottement de l'axe de cet organe tournant avec une très-grande vitesse, le font, avec raison, mouvoir sur des galets de grand diamètre.

Dans l'ordre naturel de l'opération du battage, après le passage de la paille entre les organes batteurs vient sa descente sur le plan incliné de sortie.

Dans certaines machines ce plan incliné est fixe; une grille formée par l'assemblage de tringles de bois le compose, ou bien encore c'est une feuille de tôle percée de trous symétriquement disposés qui le constitue. Pour plusieurs machines le cheminement de la paille sur le plan incliné est opéré simplement par la seule expulsion du batteur. Dans quelques-unes, un organe particulier prévient l'encombrement des tiges des céréales à leur sortie du batteur et du contre-batteur et provoque leur cheminement sur le plan incliné; cet organe, rarement employé, a reçu le nom de débourreur.

Beaucoup de machines ont leur plan incliné mobile, recevant tout entier un mouvement de sassement qui fait descendre la paille; dans quelques autres, le plan incliné est divisé en plusieurs parties qui reçoivent des mouvements alternatifs ou différentiels par suite desquels la paille se trouve transportée sans avoir eu à glisser.

Ainsi, dans les machines anglaises, la paille est secouée et expulsée à l'aide de longues tringles de bois armées de pointes et juxtaposées, divisées en deux groupes; l'un composé de toutes les tringles de nombre pair dans l'ordre de leur juxtaposition, l'autre de toutes les tringles de nombre impair. Chacun de ces groupes reçoit alternativement un mouvement de soulèvement et d'avancement; la combinaison en sens inverse des mouvements des tringles composant chacun de ces groupes, dont les unes se soulèvent et s'avancent, tandis que les autres s'abaissent et se reculent, opère d'une façon très-efficace l'effet désiré.

Dans certaines machines françaises, la paille, en sortant du batteur, est reçue sur une espèce de chaîne sans fin formée de prismes de bois se mouvant parallèlement à l'axe de deux cylindres qui servent à tendre et à supporter cette chaîne : immédiatement après la première chaîne en vient une seconde mue avec une vitesse plus grande que la première ; la paille, en passant de l'une sur l'autre, est comme étirée et éparpillée, ce qui permet au grain de s'en séparer.

Dans les machines américaines et dans celles construites en France à leur imitation, la paille, en sortant du batteur, est entraînée et secouée par une série de rouleaux armés de pointes crochues, disposés parallèlement les uns par rapport aux autres, mais en plan incliné ascendant; la vitesse de rotation de ces rouleaux, qui se meuvent tous dans le même sens, est telle, que la paille est lancée au delà de ce plan incliné ascendant pour retomber en véritable cascade.

Ces diverses méthodes ont l'incontestable avantage de ne laisser rien d'incertain dans le cheminement et le secouement de la paille; mais elles présentent le grave inconvénient de compliquer la machine à battre et de la rendre plus lourde à mener.

Après le plan incliné descendant ou ascendant au travers duquel le grain et la menue paille ont passé pendant le cheminement de la paille, vient l'organe chargé de les séparer : le ventilateur ou le tarare.

Le seul intermédiaire entre le plan incliné et le ventilateur est ordinairement une espèce de trémie dans laquelle tombent le grain et la menue paille ; pourtant, à l'imitation de ce qui se pratique dans les moulins à Blé, où la farine est menée des meules aux blutoirs par une vis sans fin, dans quelques machines à battre la même paille contenant encore le grain est soumise à l'action du ventilateur au moyen de dispositions analogues.

Sous l'action d'un courant d'air faible, la différence de pesanteur spécifique est la seule cause qui fait que les menues pailles plus légères sont entraînées plus loin que le grain. Mais, comme il arrive, parfois, que le courant d'air, mal réglé, devient assez considérable pour imprimer une certaine vitesse au grain lui-même, et que, dans ce cas, ce sont les grains les plus lourds, c'est-à-dire les meilleurs, qui sont les plus exposés à être lancés avec les menues pailles, un ingénieux constructeur a eu la très-heureuse pensée de diriger verticalement le courant d'air; ce qui permet au Blé de retomber dans le récipient qui lui est préparé, tandis que les menues pailles continuent à être dispersées.

Dans les machines les moins compliquées, le grain, après la séparation des menues pailles, tombe dans un réceptacle unique sans être autrement trié ni débarrassé des graines étrangères mêlées avec lui.

Dans les machines les plus complètes, l'opération du criblage se fait de façon à séparer le Blé en plusieurs qualités et à l'apurer de toutes les graines accessoires qu'il renferme. Des grilles de différents numéros, recevant un mouvement rapide de sassement, sont chargées du criblage, et des chaînes à augets manutentionnent le Blé de façon à placer finalement chaque qualité dans un compartiment spécial, d'où une porte à coulisse lui permet de s'écouler dans des sacs destinés à le recevoir séparément.

Les machines anglaises dites *batteuses livrant le Blé pour le marché* sont pourvues de ces organes de criblage et de division dont nous venons de faire une énumération succincte; ce sont les plus compliquées des machines à battre. Au contraire, les machines battant en bout, dépourvues de plan incliné pour séparer le grain des menues pailles, laissant à un homme armé d'une fourche le soin d'opérer cette séparation par le secouement successif de la paille sortant brisée de la machine, sont l'expression la plus simple sous laquelle les machines à battre peuvent être mises.

Pour compléter cette description sommaire des machines à battre, nous devons parler encore d'un essai digne d'intérêt fait pour résoudre le problème de la séparation des graines des céréales d'avec leurs tiges autrement que par un battage proprement dit. A l'exposition, on remarquait un appareil exposé par M. Fournier et composé d'un cylindre principal tout couvert d'aspérités régulièrement espacées, et tournant sur son axe soutenu au-dessus d'une série de petits rouleaux couverts d'aspérités du même genre, possédant deux mouvements distincts, l'un de rotation comme celui du cylindre principal, l'autre de déplacement longitudinal et alternatif. Le déplacement longitudinal était imprimé à la moitié des petits cylindres dans un sens, tandis que l'autre moitié se déplaçait en sens opposé, et cela pendant que le cylindre principal se meut sur lui-même. Pour bien faire comprendre la manière d'agir d'un tel mécanisme destiné à remplacer les machines à battre actuellement en usage, disons que, dans le groupement de tous ces rouleaux, le plus gros occupait la place du batteur ordinaire, tandis que les petits cylindres faisaient fonction de contre-batteur. Supposons maintenant que la paille soit engagée entre le gros et les petits cylindres, et remarquons ce qui va se passer. Du mouvement rotatif du gros cylindre, puis des mouvements tout à la fois de rotation et de translation des petits cylindres, dont la moitié se déplace à gauche, tandis que l'autre moitié se déplace à droite, pour continuer ainsi ces mouvements de déplacement alternativement croisés tout en tournant sur eux-mêmes, il résultera une espèce de friction de la paille, surtout des épis, qui ressemblera au froissement d'un épi opéré par les doigts dans le creux de la main pour en faire sortir les grains. Cette manière de substituer un mouvement lent de friction au battage à mouvement très-rapide est, à notre connaissance, le second effort de ce genre.

Le jury a vu, dans ces tentatives, un très-louable désir de résoudre le problème de la séparation du grain d'avec la paille, dans des conditions *plus directement en rapport* avec le but à obtenir. Ce système pourrait offrir des avantages au point de vue de l'économie de la force employée et de la conservation de la paille. Aussi le jury a cru devoir récompenser l'auteur de ce nouvel appareil, alors même que son engin n'est point encore entré dans la pratique agricole. En effet, si l'on réfléchit qu'avec de bonnes machines à moissonner qui feraient fidèlement l'andain sans mêler les épis avec le pied de la paille il serait inutile de battre la partie de la paille qui se trouve au-dessous des épis les moins haut portés, on comprendra l'importance que prendraient des machines capables de bien égrener les épis sans dépenser une force considérable à frapper inutilement dans toute leur longueur les tiges des céréales dont on ne veut que recueillir les graines. La meilleure preuve que ce serait entrer dans la voie du progrès que de procéder ainsi se rencontre dans le montage des bonnes machines actuelles battant en travers. Un constructeur intelligent règle d'une façon inégale la distance entre le batteur et le contre-batteur, de manière que le moindre écartement corresponde avec la tête de la paille, c'est-à-dire le bout chargé d'épis ; un tel réglage donne une grande facilité d'action à la machine sans nuire à ses bons résultats, puisque les épis sont convenablement froissés, tandis que le pied de la paille est ménagé. La force employée se trouve, en outre, judicieusement dépensée, et on fait l'économie de toute celle qui eût été employée à briser la paille dans une machine réglée avec moins d'intelligence.

Le programme avait divisé les machines à battre en dix catégories, dans lesquelles sont faites des distinctions provenant du moteur employé, machine à vapeur fixe ou mobile et manége. Il est évident que cette classification n'a rien de rationnel ; car les mêmes machines peuvent être indifféremment conduites par tous les moteurs. Il doit seulement exister une certaine proportion entre la puissance motrice et le travail qu'on demande à la machine. Ainsi une machine qui devra battre, par journée de dix heures, de 30 à 40 hectolitres devra être moins considérable qu'une autre machine à laquelle on demandera 120 hectolitres ; mais le genre de moteur, que ce soient des animaux attelés à un manége, une machine à vapeur ou une machine hydraulique, n'introduira absolument aucune modification dans la construction de la machine. Quoi qu'il en soit, nous devons suivre pas à pas, pour rapporter les décisions du jury, les dix catégories établies par le programme officiel.

La première comprenait les machines à battre fixes, à manége, rendant le grain tout nettoyé, propre à être conduit au marché (grandes exploitations). Dans cette catégorie, le jury a mis au premier rang une machine construite par

M. Gérard, de Vierzon (Cher), laquelle se distingue par son grand débit et la solidité de sa construction. Le battage se fait en travers ; la paille est peu brisée, et le grain bien nettoyé et non cassé. Le contre-batteur est fixe pendant le travail ; le batteur, soulevé par la courroie motrice, porte douze battes en bois avec lames de fer dites *à cornières*. Une seule courroie sert à transmettre tous les mouvements. Tous les axes portent sur cuirs. Cette machine était conduite par un excellent manége.

Un rappel de 2ᵉ prix a été décerné à MM. Harter et comp., de Colombey-les-deux-Églises (Haute-Marne). La machine de ces constructeurs est locomobile. Elle était mise en mouvement par un manége Pinet perfectionné. Le batteur est muni de deux battes en bois avec lames de fer. Le contre-batteur en fonte est fixe. Le batteur est mobile de haut en bas, mais ne peut jouer de droite à gauche, maintenu qu'il est à chacune de ses extrémités par une rondelle en fer. Ce batteur se règle par un mouvement à vis sans fin commandant deux cames. En vue des Blés barbus qui dominent dans son pays, et qui présentent une paille en rapport très-variable avec la grosseur de l'épi, le constructeur a cherché à faire varier facilement, par deux vis, la distance entre le batteur et le contre-batteur, de manière à faciliter le passage régulier de la paille, tout en effectuant un bon égrenage. Le secoueur est partie en tôle, partie à persiennes. La machine porte un ventilateur à baguettes en bois. Les cylindres alimentaires sont en bois et munis de tringles. Afin de diminuer la hauteur de tout le système, le constructeur a eu recours à une hélice placée sur le ventilateur, en sorte que le grain tombe d'abord sur cette hélice avant de s'engager dans le ventilateur.

Le 2ᵉ prix a été décerné à M. Brouillat, de Provins (Seine-et-Marne). Dans cette machine, le ventilateur, placé sur l'axe du batteur, crible à la fois le grain et la menue paille, de manière à ce que celle-ci puisse être livrée directement au bétail dès sa sortie de la machine. Le secoueur est partie en tôle courbée, partie à persiennes. Le batteur porte 16 battes cylindriques en fer creux. Le contre-batteur est suspendu sur ressorts à boudins et droits.

Le 3ᵉ prix a été accordé à M. Cholet, de Gamaches (Somme), pour une machine battant en travers, dans laquelle le contre-batteur est mobile et le batteur taillé en biseau. Cette machine porte un secoueur à tiroir, avec fond équilibrant, et servant à alimenter le tarare. Au sortir de la machine, le Blé est porté latéralement par une vis sans fin.

Une mention honorable a été décernée à M. Mesnier, de Pontoise (Seine-et-Oise), pour une machine munie d'un graisseur à galet et effectuant un travail satisfaisant.

Dans la seconde catégorie, celle des machines à battre fixes à vapeur, rendant le grain tout nettoyé et propre à être conduit au marché (grandes exploitations), le jury n'a pas trouvé, dans les instruments présentés, de mérites suffisants pour décerner les deux premiers prix; il a accordé le 3ᵉ prix à M. Fétot, de Bercy (Seine), pour une machine bien construite, mais ne présentant, d'ailleurs, rien de bien particulier.

La troisième catégorie comprenait les machines à battre mobiles à manége pour les grandes exploitations, rendant le grain tout nettoyé et propre à être conduit au marché.

Dans cette catégorie, une machine de M. Girard, analogue aux machines fixes du même constructeur, a obtenu le 1ᵉʳ prix. Le 2ᵉ prix a été décerné à M. Pialoux, d'Agen, pour une machine qui est, à volonté, fixe ou mobile, à vapeur ou à manége, et qui ne coûte que 800 fr. Le 3ᵉ prix a été décerné à M. Rouot, de Châtillon-sur-Seine (Côte-d'Or), qui a propagé dans sa contrée un grand nombre de bons instruments.

Le jury a décerné, en outre, une mention honorable à M. Damey, de Dôle (Jura). Les membres du jury, qui ont examiné avec attention les grandes machines de M. Damey, leur reprochent d'avoir le manége sous l'instrument même, ce qui nuit à la solidité générale du système. Les bras de levier du manége sont également trop courts, et ils ne peuvent être allongés, parce que leur longueur dépend de celle de la machine sous laquelle ils fonctionnent. Ils ont conseillé à M. Damey de modifier sa transmission de mouvement prise sur l'axe du cylindre livreur pour faire fonctionner le ventilateur.

Dans la quatrième catégorie des machines mobiles à vapeur propres aux grandes exploitations et rendant le grain tout nettoyé, la machine de M. Cumming a été mise au premier rang. Cette machine opère le battage en travers. Le contre-batteur fixe est en fonte. L'instrument est muni de deux cylindres alimentaires en bois. Le batteur porte seize battes avec lames en cornières. Le secoueur à baguettes décrit un mouvement de va-et-vient sur l'axe; dans l'intérieur du ventilateur se trouve une bielle donnant le mouvement à l'auget du tarare et au secoueur qui est au-dessous de cet auget. La machine se complète par un petit système de nettoiement, sorte de tambour à lames percées ou grillagées pour séparer les diverses sortes de grains.

Le 2e prix a été décerné à M. Debièvre-Lesaffre.

Le 3e prix a été accordé à M. Andreau, de la Vallette (Charente). La machine de ce constructeur se distingue par un charrie-paille à bielles articulées et à peignes. Le jury a trouvé cet instrument d'un prix trop élevé.

La cinquième catégorie comprenait les machines fixes à manége sans nettoyage. Le jury n'a pas cru devoir décerner de 1er prix; il a accordé le 2e prix à MM. Renaud et Lotz, de Nantes (Loire-Inférieure), pour une machine bien construite et coûtant 800 fr. Une mention honorable a été donnée à M. Opter, de Montmorillon (Vienne). Dans cet instrument, les contre-batteurs sont à tringles mobiles, en sorte qu'on peut en changer la disposition selon la nature des Blés.

Les machines mobiles à manége sans nettoyage formaient la sixième catégorie. Comme dans la catégorie précédente, le 1er prix n'a pas été décerné; le 2e a été attribué à M. Fournier, de Montluel (Ain), dont la machine présente, ainsi que nous l'avons vu plus haut, un système tout particulier d'égrenage qui s'opère par friction.

Dans la septième catégorie des machines à battre fixes à vapeur, sans vanner ni cribler, aucune récompense n'a été décernée.

Dans la huitième catégorie étaient rangées les machines mobiles à vapeur sans nettoyage. Il n'y a pas eu de prix décernés. Une mention honorable a été accordée à MM. Renaud et Lotz, qui construisent depuis fort longtemps des instruments appréciés dans l'ouest de la France.

Dans la neuvième catégorie étaient réunies les machines à battre mobiles ou non, mues par un manége ou par la vapeur, mais n'exigeant que la force d'un ou deux chevaux, c'est-à-dire les machines qui conviennent particulièrement aux petites exploitations et qui sont en majorité dans les fermes.

Le jury a tout particulièrement voulu récompenser la machine de M. Damey comme machine de petite exploitation, très-transportable, très-bien agencée, et comme présentant un système exceptionnel de nettoyage à recommander à l'attention des constructeurs.

Dans le système imaginé par M. Damey pour la séparation du grain de la balle, il n'y a pas de grilles. L'air agit directement de bas en haut et très-peu obliquement sur le mélange de grain et de menue paille sortant du battage et descendant par un plan légèrement incliné vers l'arrière de la machine. Sous l'action du courant d'air vertical, la menue paille est chassée vers une issue, tandis que, par son poids, le grain résiste à la ventilation et tombe dans les cylindres diviseurs, cribleurs, émotteurs, etc. On comprend tout ce que ce mode de séparation a de simple et de vrai. L'absence de toute grille intermédiaire fait que les corps se séparent et se classent par la différence de leur densité. Pas de mouvement de va-et-vient; pas d'engorgement dans les grilles, et cependant bon nettoyage.

M. Damey a aussi inventé un régulateur à aiguilles pour ses batteurs. Ce régulateur porte un indicateur avec numéros correspondant à un certain écartement, en sorte que, de l'extérieur, sans avoir besoin de pénétrer dans la machine, on peut, à volonté, par une simple vis, régler la distance entre le batteur et le contre-batteur. Le ventilateur de la machine est monté sur l'axe du cylindre livreur.

M. Damey est le premier constructeur qui ait établi des manéges locomobiles en France. Il était, autrefois, attaché à la construction des locomotives de chemins de fer. On ne saurait trop recommander son système de nettoiement sans grilles et à courant d'air direct et vertical. Il est un des mécaniciens qui méritaient la meilleure part dans la somme de 40,000 fr. affectée à l'encouragement des machines tendant à remédier à la pénurie de la main-d'œuvre en France, somme qui a été allouée par M. le ministre de l'agriculture, sur les propositions du jury.

Dans cette même catégorie des machines propres aux petites exploitations, le jury a accordé le 2e prix à M. Lambert, à Argentan, pour une petite machine du prix de 500 fr. seulement, qui a fonctionné d'une manière satisfaisante. Des mentions honorables ont été accordées à MM. Lotz aîné, de Nantes, et Caramisa, de Vert-le-Grand (Seine-et-Oise), qui avaient présenté des machines également recommandables par leur bonne construction.

Il est juste de mentionner ici, d'une manière toute spéciale, l'exposition de M. Duvoir, de Liancourt. Ce constructeur avait exposé sept machines à battre de différentes dimensions, toutes bien exécutées. Le jury, appréciant comme il convient les antécédents de M. Duvoir, qui a fait beaucoup pour la propagation des instruments perfectionnés et qui avait été, d'ailleurs, maintes fois récompensé dans les concours régionaux, lui a décerné une médaille d'or grand module pour l'ensemble de son exposition. A la suite du concours, M. Duvoir a reçu de l'empereur la décoration de la Légion d'honneur; mais il est mort peu de jours après avoir reçu cette haute récompense (1).

(1) L'établissement qu'il avait créé est maintenant sous la direction de MM. Dumont et Albaret.

Les machines de M. Duvoir n'ont pas de cylindres alimentaires; quelques-unes portent deux batteurs et deux secoueurs, un tarare et un cylindre cribleur d'où le Blé sort parfaitement propre.

Le programme avait réservé une catégorie spéciale pour les machines à battre à bras. Nous ne croyons pas qu'il soit utile d'encourager la fabrication de ces sortes d'appareils qui exigent, de la part des ouvriers chargés de les faire fonctionner, un déploiement de force considérable. Les machines doivent remplacer avec avantage le travail des hommes par celui des animaux ou des moteurs inanimés. Toutes celles qui s'écartent de cette destination ne sont que des engins imparfaits. Il faut que l'ouvrier des champs dirige les machines, et non pas qu'il soit le moteur destiné à les mettre en mouvement. En ce qui concerne particulièrement les machines à battre, faites en vue d'utiliser la force de l'homme, le fléau est peut-être encore l'instrument le meilleur qui ait été construit jusqu'à présent.

Le jury n'a pas cru cependant devoir refuser les récompenses qui avaient été promises aux constructeurs de machines à battre à bras. Il n'a pas décerné de 1er prix; il a accordé le 2e prix à M. Bonnardet, de Paris, et une mention honorable à M. Ganne, de Cour-Cheverny (Loir-et-Cher).

Les instruments propres à nettoyer le grain se divisent en deux classes, ceux qui séparent le grain de la poussière qu'il renferme, c'est-à-dire les tarares, et ceux qui trient le grain en qualités différentes, c'est-à-dire les cylindres et cribles trieurs.

Un 1er prix a été accordé au tarare de M. Pialoux, d'Agen, qui a fonctionné avec succès devant le jury. Le tarare de M. Pialoux est construit à peu près comme tous les instruments de ce genre. Un volant à ailettes, mû par une manivelle, produit un courant d'air très-fort qui agit sur le grain au fur et à mesure qu'il s'échappe d'une trémie placée à la partie supérieure de l'instrument; mais, dans l'appareil de M. Pialoux, les dimensions des divers organes sont combinées de manière à produire une ventilation énergique, sans exiger, toutefois, un effort moteur très-grand : c'est à cette considération qu'il doit le 1er prix qui lui a été décerné.

M. Collard-Legris, de Chevriers (Marne), a obtenu un rappel de médaille d'argent pour un tarare très-bien construit ; le 2e prix a été donné à M. Vilcocq, de Meaux (Seine-et-Marne) ; le 3e prix a été attribué à M. Corray, de Ronceux (Vosges), et le 4e prix à M. Ganneron, pour un tarare très-simple du prix de 50 fr. Des mentions honorables ont été accordées à MM. Collinot jeune et aîné, qui avaient exposé des instruments également bons, mais sans détails nouveaux, et sans rien qui pût les signaler d'une manière particulière.

Le jury a placé au premier rang le trieur de M. Marot, de Niort. Ce constructeur fabrique un instrument dans lequel il a cherché à réunir les avantages que l'on trouve dans le trieur Vachon et dans le trieur Pernollet. Cet instrument se compose d'un cylindre horizontal divisé en plusieurs compartiments et percé de trous de diverses formes ; ce cylindre est mû par un système d'engrenage convenable, lequel imprime en même temps un mouvement de trépidation à une grille inclinée qui verse le grain dans le cylindre et sur laquelle il s'opère un commencement d'épuration. Le grain, qui traverse le cylindre, tombe dans quatre caisses différentes correspondant aux différents triages opérés par l'instrument. Le trieur de M. Marot divise ainsi le grain en Blé de semence, en Blé marchand de première et de deuxième qualité, et enfin en Blés de rebut, tels les grains avortés, les grains ronds, le Blé niellé et les déchets en toutes sortes. Cet instrument coûte 220 fr. ; un enfant de quinze ans suffit pour le faire fonctionner.

Un rappel de 2e prix a été accordé au trieur de M. Pernollet, connu de tous les agriculteurs. M. Legardeur, de Blercourt (Meuse), a obtenu le 3e prix pour un petit appareil à nettoyer les grains, qui ne coûtait que 30 fr. Des mentions honorables ont été attribuées à M. Quentin-Durand, de Paris, et à M. Pinel, d'Etrépagny (Eure).

Notons, en passant, que l'agriculture n'a pas grand'chose à désirer en ce qui concerne les instruments propres à aérer et à cribler les grains. Avec les tarares qui remplissent presque tous convenablement leur but, on peut donner au grain une ventilation suffisante. Avec les cribles trieurs on arrive, sans trop de peine, à opérer des triages que les anciens cribles rendaient autrefois si coûteux. Sous ce rapport, le matériel agricole actuel répond donc tout à fait aux besoins de l'agriculture, et les améliorations que l'on pourra constater dans la suite ne seront guère que des perfectionnements de détail.

6ᵉ SECTION. — *Instruments se rattachant à l'entretien et à la nourriture du bétail.*

La sixième section a eu à s'occuper des instruments suivants, se rattachant aux soins et à la nourriture à donner aux animaux :

1° Concasseurs;

2° Laveurs;

3° Coupe-racines;

4° Hache-paille;

5° Instruments à briser les pointes d'Ajoncs;

6° Machine à presser et à botteler le foin;

7° Instruments de chirurgie et de médecine vétérinaires;

8° Objets divers d'écurie et de sellerie;

9° Harnachements de chevaux et de bœufs;

10° Ruches et ustensiles servant à la construction des ruches et à la préparation des produits des abeilles;

11° Appareils d'éclosion pour volatiles et poissons.

Les hauts prix atteints par l'Avoine, en 1858 et en 1859, ont engagé les personnes qui s'occupent de l'alimentation des chevaux à chercher les moyens de faire servir en entier à la nourriture de ces animaux l'Avoine qui leur est distribuée. Plusieurs d'entre elles ont pensé qu'en concassant ou en aplatissant l'Avoine on ne verrait plus échapper à l'action de la digestion certains grains qui se retrouvent dans les déjections des chevaux, et que l'on pourrait dès lors réduire sensiblement la consommation en Avoine de ces animaux. La mise en application de cette idée a donné lieu à la construction de très-nombreux instruments. L'expérience ne paraît pas être venue confirmer les avantages de ce système d'alimentation. Plusieurs grandes compagnies employant de nombreux chevaux, qui en ont fait l'essai, y ont aujourd'hui renoncé; les frais d'achat, d'entretien et de mise en mouvement des machines paraissent généralement absorber les économies d'Avoine auxquelles ce mode d'alimentation peut donner lieu. Il peut cependant offrir des effets utiles lorsque l'on a à faire manger aux chevaux de l'Avoine présentant une grande résistance à l'écrasement, ou que l'on se trouve avoir des chevaux âgés à nourrir. La construction des concasseurs et des aplatisseurs de grains mérite, sous ces rapports, des encouragements.

Le jury, rendant justice à M. Peltier, de Paris, lui a décerné un 2ᵉ prix pour sa collection de concasseurs aplatisseurs de grains de toutes dimensions; il a remarqué aussi le broyeur de grains et de tourteaux de M. Hallié, et lui a attribué un 3ᵉ prix; enfin il a accordé une mention honorable à M. Hennequin, de Montcornet (Aisne), pour son concasseur de grains pouvant servir d'aplatisseur.

Les tourteaux que fournissent les graines oléagineuses, lorsque l'on a exprimé la plus grande partie de l'huile, peuvent, après avoir été concassés, très-utilement servir à l'alimentation des vaches, des bœufs et des moutons, ou être avantageusement employés comme engrais. Divers instruments, notamment ceux de M. Hallié, cité plus haut, et de M. Bootz-Laconduite, permettent d'opérer avec promptitude et économie le concassage des tourteaux. Le jury a accordé à ce dernier constructeur une mention honorable pour son moulin à broyer les tourteaux.

Les racines associées aux balles enveloppant les grains des

diverses céréales, aux siliques des Colzas et à de la paille ou du foin hachés forment, pour le bétail, une excellente nourriture, soit que les racines lui soient distribuées directement, soit que l'on ait commencé à tirer de ces racines un produit en alcool ou en sucre qui vient diminuer pour les animaux le prix de revient de leur nourriture. Il faut, dans ce cas, avoir recours à un appareil destiné à opérer la division des racines.

Le coupe-racine a pour effet de rendre facile l'introduction des racines dans le gosier de l'animal, de faciliter leur mélange avec les corps ligneux qui leur sont associés, et de faire subir à ce mélange un commencement de fermentation vineuse qui plaît beaucoup aux animaux.

La culture des racines est un des moyens les plus puissants d'amélioration du sol; tout ce qui peut en favoriser l'emploi mérite les encouragements les plus grands. Le jury a examiné avec beaucoup d'intérêt les coupe-racines et les hache-paille qui lui ont été présentés, pensant avec raison que ces instruments devaient de plus en plus être appelés à faire partie du matériel des exploitations agricoles.

Les coupe-racines figurant au concours de Paris étaient au nombre de 103, présentés par 56 exposants. Ce grand nombre de coupe-racines, dont les dimensions et les prix offraient de grandes différences, prouvait que nos constructeurs de machines sentent bien la nécessité de pouvoir mettre ces utiles instruments à la portée des petites, des moyennes et des grandes exploitations.

Dans la catégorie comprenant les coupe-racines pour bêtes à cornes, le jury a particulièrement distingué un instrument d'un prix très-modique inventé par M. Durant, et construit et exposé par M. Legardeur, de Blercourt (Meuse). En accordant un 2ᵉ prix à l'exposant constructeur, le jury a cru devoir décerner une récompense égale à l'inventeur, M. Durant. Deux coupe-racines présentés par M. Paul François, de Vitry-le-Français (Marne), ont valu ce 3ᵉ prix à leur constructeur. Enfin M. Demetz, directeur de la colonie de

Mettray (Indre-et-Loire), a obtenu une mention honorable pour son coupe-racine.

Le coupe-racine à bras pour moutons, de M. Hennequin, se distinguait par son exécution parfaite, comme tout ce qui sort des ateliers de ce constructeur; le jury l'a récompensé par un 2ᵉ prix : il a attribué, en outre, une médaille de bronze à M. Pernollet, et une mention honorable à M. Joly, de Ferrière (Oise), pour des appareils analogues.

La troisième catégorie des coupe-racines comprenait les appareils à double effet pour tous animaux. Le jury a mis en première ligne les deux coupe-racines exposés par M. Champonnois, et il a décerné à cet exposant le 1ᵉʳ prix de cette classe. Il a accordé le 2ᵉ prix à M. Vilcoq jeune, de Meaux; le 3ᵉ prix à M. Piednue jeune, de Dieppe, et des mentions honorables ont été décernées à MM. Bella, de Grignon (Seine-et-Oise), et Conrad, de Bourg-la-Reine (Seine).

Les hache-paille étaient au nombre de 103 présentés par 48 exposants. Leur construction n'a pas paru au jury avoir fait de grands progrès depuis l'exposition de 1855; ils exigent toujours une force assez considérable, eu égard à la quantité de paille qu'ils divisent. Néanmoins, sous le rapport de la solidité et du soin apporté dans la construction, plusieurs de ces instruments méritent d'être signalés et récompensés. Le jury a donc décerné, dans la série des hache-paille mus par un manége ou par la vapeur, un 1ᵉʳ prix à MM. Bonnet, Andrew et Ducoroy, de Boulogne-sur-Mer; un 2ᵉ prix à M. Duvoir, de Rantigny (Oise), et un 3ᵉ prix à M. Laurent, de Paris.

Le hache-paille à bras de M. Lebrun, de la Neuville-lès-Wassigny (Ardennes), a valu un 2ᵉ prix à ce constructeur. Le jury a attribué un 3ᵉ prix à la collection de hache-paille de M. Paulot-Millot, de Troyes, et une mention honorable à ceux de M. Quentin-Durand, de Paris.

L'Ajonc est la plante des terrains pauvres; c'est pour les chevaux et le bétail une nourriture dont on tire quelque parti dans certaines régions : il est armé de piquants qu'il faut faire disparaître pour le faire consommer par les animaux. Cette opération présente des difficultés. Les broyeurs d'Ajoncs exigent généralement de la force et arrivent difficilement à donner de grandes quantités d'Ajoncs bien broyés. 4 exposants ont présenté à l'exposition 5 broyeurs d'Ajoncs. M. Saint-Martin, de Mérignac (Gironde), a paru avoir le mieux réussi dans les efforts qu'il a faits pour faire servir l'Ajonc à l'alimentation de ses animaux. Il commence par faire couper son Ajonc à l'aide d'un hache-paille; puis il le fait passer dans un cylindre où l'Ajonc achève d'être déchiré par des dents en acier. Il arrive, à l'aide de portes de sortie placées sur divers points dans la longueur de son cylindre, à pouvoir obtenir des produits en Ajoncs plus ou moins broyés, suivant qu'il les destine à ses jeunes veaux, ses moutons, ses porcs, ses vaches ou ses chevaux. M. Saint-Martin a déclaré cuire avantageusement cet Ajonc avec de la vapeur. Le jury lui a décerné un 1ᵉʳ prix. MM. Cassard et Terrolle ont, en outre, obtenu un 2ᵉ prix pour leurs coupeurs-broyeurs d'Ajoncs.

Les laveurs, la machine à presser et à botteler le foin, les instruments de chirurgie et de médecine vétérinaires, les objets divers d'écurie et de sellerie, et les appareils d'éclosion pour volatiles et poissons, ne se trouvaient pas indiqués nominativement comme objets à récompenser dans le programme. Le jury a pensé néanmoins qu'ils pouvaient être considérés comme instruments utiles à l'agriculture et à ce titre susceptibles de recevoir des récompenses.

La charge ordinaire d'un waggon, sur les chemins de fer, est de 5,000 kilog., devant tenir dans un cube maximum de 25 mètres cubes; on ne peut pas loger dans cet espace plus de 500 bottes de 5ᵏ,500, soit plus de 2,750 kilog. de foin. Les compagnies de chemins de fer font payer aux expéditeurs ce chargement en foin incomplet du waggon comme s'il atteignait le poids de 5,000 kilog.; il en résulte pour l'expéditeur de foin une dépense considérable de transport. Divers appareils destinés à presser le foin ont été construits pour en réduire le volume ordinaire, et ils paraissent donner une solution satisfaisante du problème posé. Il faut signaler en première ligne la pièce remarquable que l'on doit à notre collègue M. le général Morin. De son côté, M. Pommereaux, chef de gare à Aisy (Yonne), a inventé un appareil avec lequel il arrive à pouvoir placer 900 bottes de 5ᵏ,500, soit 4,950 kilog. sur un waggon, en dépensant seulement 25 fr. 50 c. pour le pressage et le bottelage de ces 900 bottes. Deux hommes peuvent, avec la machine de M. Pommereaux, presser et botteler 300 bottes de foin de 5ᵏ,500 par jour ; les liens des bottes sont en ficelle ; chaque lien a 1ᵐ,10 de longueur. On emploie par botte deux liens revenant ensemble à 0ᶠ,015 ; on a donc comme dépense par 300 bottes :

Deux hommes à 2 fr.	4 fr.	» c.
300 liens à 0ᶠ,015.	4	50
	8 fr.	50 c.,

soit pour 900 bottes 25 fr. 50 c. Ce résultat, qui permet d'opérer avec économie le pressage et le bottelage du foin destiné à être expédié par les chemins de fer, a paru au jury de nature à mériter, à l'appareil avec lequel on l'obtient, une médaille d'argent.

Le jury a examiné avec beaucoup d'intérêt les collections d'instruments de chirurgie vétérinaire exposées au concours, et il a accordé des médailles d'argent à celles de MM. Méricant et Charlier, de Paris, et une mention honorable à celle de M. Lefranc, de Caen. M. Berger, de Lusigny (Allier), a obtenu une mention honorable pour son appareil à opérer les animaux météorisés. Une récompense semblable a été attribuée à la pharmacie vétérinaire de M. Arrault, de Paris.

Parmi les objets divers d'écurie et de sellerie, le jury a signalé, par le don d'une médaille d'argent, un cric en fonte pouvant être employé dans les parturitions laborieuses ; cet appareil a été inventé par M. Hervé, du Mans (Sarthe). Le jury a accordé, en outre, une médaille de bronze à M. Leroux, de Paris, pour ses musettes à grille en ficelle.

Le jury s'est aussi occupé de l'examen de divers appareils de sériciculture et de plusieurs ustensiles ayant pour objet la destruction des animaux nuisibles. Il a décerné, dans cette catégorie, une médaille d'argent à M. Aubenas, de Valréas (Vaucluse), pour une machine propre à obtenir directement à l'état d'ouvrée la soie des cocons doubles, qui lui a paru fort remarquable. Le modèle de magnanerie de M. Blanc, de Rognac (Bouches-du-Rhône), lui a paru digne d'une médaille de bronze, et il a récompensé par une mention honorable l'appareil d'incubation et d'éclosion des vers à soie à l'air libre de M. Taurigna, de Grenoble (Isère).

Dans la catégorie des instruments pour la destruction des animaux nuisibles, une médaille d'argent a été accordée à M. Billot, de Corneilles (Oise), pour une souricière.

Parmi les harnais les plus propres aux usages agricoles figuraient en première ligne ceux de M. Tissier, de Joigny (Yonne), auquel le jury a décerné une médaille de bronze pour son collier de cheval à rouleaux. MM. Portal de Moux, de Conques (Aude), et le baron Augier, de Serruelles, ont obtenu, chacun, une mention honorable pour leurs harnais pour bœufs.

Les ruches étaient très-nombreuses à l'exposition, mais elles ne présentaient aucune disposition bien nouvelle. Plusieurs d'entre elles, notamment celles de M. Mauget, d'Argences (Calvados), étaient remarquables par la simplicité de leur construction, leur solidité, le bon abri qu'elles offrent aux abeilles et leur bon marché ; le jury leur a décerné une médaille d'or. La collection de ruches de M. Hamet a reçu une médaille d'argent ; les ruches exposées par MM. d'Hubert, de Doury (Nièvre), et Durand, de Blercourt (Meuse), ont obtenu, la première une médaille de bronze, la seconde une mention honorable. L'appareil de M. Menusier, apiculteur à Colombes (Seine), pour fondre le miel et la cire, a été aussi récompensé par une mention honorable.

7ᵉ **Section.** — *Appareils pour la préparation des produits agricoles.*

La septième section du jury avait à s'occuper spécialement des instruments qui ont rapport à l'économie domestique et aux industries rurales, à la préparation des produits animaux, des ustensiles de ménage, chauffage, cuisson, fermentation, laiterie, fromagerie, des barattes, des presses à fromages, des appareils de distillerie, sucrerie, brasserie, minoterie, vinaigrerie rurale, etc., etc. Son travail était donc très-étendu. Le programme n'avait indiqué que cinq catégories de prix pour

Les machines à teiller,

Les barattes à bras,

Les barattes à manége ou à vapeur,

Les appareils propres à la cuisson des aliments destinés aux animaux ;

Les collections d'instruments à main pour les travaux d'intérieur.

En conséquence, beaucoup d'appareils et d'instruments restant en dehors des prévisions, la section a établi de nouvelles catégories auxquelles elle a attribué des médailles en nombre et valeur proportionnés au degré d'importance de chacune d'elles.

Ces catégories comprennent

Les appareils destinés au blanchissage du linge ;

Les pétrins mécaniques,

Les instruments de caves,

Les appareils et accessoires de minoterie,

Les moulins à plâtre et à fruits,

Les machines et appareils à battre les faux,

Les appareils de sucrerie,

Les appareils de distillerie ;

Les objets divers ne pouvant entrer dans aucune des catégories ci-dessus.

Indépendamment de ces divisions, on a été obligé, parfois, à cause de la diversité et de la disparate des objets qu'elles renfermaient elles-mêmes, de les subdiviser encore ; par exemple, dans la minoterie et dans les ustensiles de vinification et de conservation des vins.

1° *Machines à teiller.*

Les machines à teiller n'étaient remarquables ni par des dispositions heureuses et nouvelles, ni par une très-bonne exécution ou le très-bon marché ; le premier et le second prix ne pouvaient donc leur être décernés. Cependant, parmi ces machines, celle de M. Porquet-Drouin méritait l'attention ; son principal organe consiste en une série de bras armés de palettes et montés sur un axe horizontal. Un ouvrier, à l'aide d'un renvoi de mouvement, fait, d'une main, tourner cette espèce d'étoile, pendant que, de l'autre, il engage, dans une lumière pratiquée dans une planche verticale, le Lin ou le Chanvre à teiller. Comme les palettes, dans leur rotation rapide, passent très-près de cette lumière, elles frappent vigoureusement le Lin ou le Chanvre qui y est engagé, et chassent la partie ligneuse après l'avoir brisée, pendant qu'elles laissent la filasse dans la main de l'ouvrier. Le principe n'est pas nouveau, mais il mériterait d'être plus vulgarisé ; c'est donc un service que rend M. Porquet-Drouin en construisant cette machine, et pour ce motif le jury lui a décerné le 3ᵉ prix.

2° *Barattes.*

Les barattes à bras étaient, au contraire, très-nombreuses ; mais depuis la dernière exposition elles n'avaient subi aucune modification importante.

La baratte suédoise a conservé, aux yeux du jury, la supériorité sur les autres appareils, pour les exploitations où le lait, privé d'une partie de son beurre, trouve encore un emploi avantageux. Le jury a rappelé à M. Girard, le principal constructeur de cet instrument, la médaille d'or qu'il avait précédemment obtenue.

La baratte polygonale de M. Fouju opère en ne faisant que secouer la crème sans la comprimer et, par suite, sans marteler ni laminer le beurre ; outre la rapidité de son action, elle a l'avantage de donner du beurre en grains très-fins et facile à laver. Le nettoyage de cette baratte est, d'ailleurs, très-simple, très-rapide et très-complet ; elle se manœuvre presque sans effort : peut-être le jury aurait désiré de la trouver plus étanche. On lui a accordé un rappel de second prix.

Le plus grand éloge qu'on puisse faire de la jolie baratte exposée par M. de Metz, c'est que la plupart des cultivateurs des environs de Mettray l'ont adoptée. Elle a valu le 3ᵉ prix au dévoué directeur de Mettray.

M. Paynel, cultivateur en Normandie, a parfaitement compris que, la crème n'abandonnant son beurre et ne l'abandonnant tout entier qu'à une certaine température, il fallait ne le battre qu'à cette température-là : de là l'idée qu'il a eue d'enfermer une espèce de baratte cylindrique du système Lavoisy dans un double fût, et de faire circuler de l'eau à une température convenable entre les deux vases.

Le jury, heureux de rendre hommage à une idée simple et juste, a accordé une mention honorable à M. Paynel.

M. Gand a également été frappé de l'influence qu'a la température sur la séparation du beurre de la crème ; mais ayant, en outre, remarqué qu'il existe un certain rapport entre la température à laquelle la montée de la crème a eu lieu et celle à laquelle elle abandonne son beurre, il a construit un instrument qu'il appelle *barattomètre*, auquel le jury a accordé une mention honorable.

Les barattes à manége et à vapeur ne présentaient aucune différence bien sensible avec les barattes à bras agrandies ; elles ne pouvaient guère aspirer aux récompenses proposées par le programme.

3° *Appareils pour la cuisson des légumes.*

Depuis les tonneaux oscillants de M. Stanley, avec générateur de vapeur pour la cuisson des aliments destinés aux animaux, aucun appareil nouveau ou meilleur ne s'est produit ; il faut même ajouter que, sous prétexte de simplification et de bon marché, certains constructeurs retranchant tantôt une pièce, tantôt une autre, d'autres ne soignant ni l'ajustage ni la forme, on a plutôt rétrogradé qu'avancé. Ce n'est certes pas ainsi que l'on peut comprendre le progrès ; aussi le 1er prix n'a pas été décerné. Le 2e prix a été attribué à MM. Clubb et Smith, qui, se restreignant à l'idée de l'auteur, jusqu'ici la meilleure, ont exécuté fidèlement l'appareil avec de bonnes matières parfaitement travaillées.

Le jury a encore accordé une mention honorable à M. Clamageran qui a eu l'idée de construire des poêles très-simples dans lesquels se trouve une chaudière qui alimente un des tonneaux oscillants de Stanley ; ces poêles servant d'ailleurs à chauffer les habitations comme les poêles ordinaires.

4° *Pierres à aiguiser, taille-soupe.*

Les instruments à main pour les travaux d'intérieur étaient de bonne fabrication courante ; mais, sauf deux exposants, MM. Desplanques et Prudhon, aucun des concurrents ne s'élevait sensiblement au-dessus des autres, par l'invention ou le bon marché. Il n'y avait rien à faire remarquer. Une médaille de bronze a été décernée à M. Desplanques pour ses pierres artificielles à aiguiser. Ces pierres sont d'une qualité remarquable ; c'est à l'aide d'une composition à laquelle la gutta-percha et autres résines ne paraissent pas étrangères, que M. Desplanques soude les molécules de grès et d'émeri qui leur donnent le mordant. La solidité de ces pierres est, d'ailleurs, telle, qu'à l'aide de petites meules

circulaires, d'un diamètre de 15 à 20 centimètres sur 3 à
4 millimètres d'épaisseur; on peut refendre de l'acier,
comme le ferait une scie un peu épaisse dans du bois.

Une autre médaille de bronze a été décernée à M. Prudhon pour un taille-soupe. Cet instrument, dont le nom in-
dique suffisamment l'usage, doit être recommandé à tous
les établissements qui ont un nombreux personnel à nourrir.
Son principe relève, tout à la fois, du coupe-racine à disque
et du coupe-racine à cylindre. Que sur le bout de l'axe d'un
coupe-racine à disque on monte un tronc de cône, presque
un cylindre de 8 à 10 centimètres de hauteur suivant l'axe,
et de 25 centimètres de diamètre moyen, la partie évasée en
avant; que sur la circonférence du cylindre et obliquement
à l'axe on ouvre des lumières analogues à celles d'un rabot,
et qu'en guise de fer on y place, pour taillant, des morceaux
de ressort de pendule; enfin qu'on couronne le cylindre
d'une petite trémie, et l'on se fera une idée assez exacte du
taille-soupe de M. Prudhon. Quand on veut s'en servir, on
engage le pain à couper dans la trémie et on l'y maintient
d'une main en appuyant légèrement, pendant que de l'autre
on tourne la manivelle qui donne le mouvement au tronc de
cône. Le pain est taillé alors en tranches avec une grande
régularité et avec une vitesse de plus de 1 kilog. à la minute. Les tranches tombent d'abord dans l'intérieur du cylindre qui, à cause de son évasement, les rejette bientôt en
dehors où on les reçoit dans un panier placé au pied de la
machine.

5° *Appareils pour le linge.*

C'est un service à rendre aux cultivateurs que de leur faciliter le blanchissage de leur linge; mais, par un préjugé
trop fréquent dans les campagnes, pendant que les maisons
riches accueillaient avec avidité les excellents appareils qui,
depuis quelques années, ont été construits dans ce but, la
plupart des cultivateurs, attachés à la vieille routine de la
cuve et des cendres, dédaignaient et dédaignent encore la

chaudière à lessive, la machine à laver, l'essoreuse et la calandre ; ils semblent ignorer quelle économie de temps, de peine et de dépense on réalise par l'emploi de ces ingénieux appareils.

Tant pour attirer l'attention des cultivateurs sur ce point important que pour rendre justice à des inventions aussi vraies qu'utiles et récompenser des services souvent anciens, le jury a décerné toute une série de prix aux appareils à blanchir le linge.

Le 1er prix a été attribué à Mme Charles pour sa collection complète d'appareils de blanchissage. Les services qu'a rendus Mme Charles sont déjà très-anciens ; c'est elle qui a créé cette industrie, c'est dans ses mains et par elle seule qu'elle a progressé pendant longtemps ; ses inventions et ses améliorations ont été et sont constantes, et toujours frappées au coin d'un jugement droit et d'un sens pratique remarquable.

La maison Bouillon-Muller et comp., outre des appareils de blanchissage dont les formes sont empruntées aux meilleurs modèles, avait exposé deux étuves de son invention, l'une pour dessécher les fruits, l'autre pour sécher le linge. Quoique participant du même principe, c'est la dernière qui a le plus attiré l'attention du jury, et c'est pour celle-là que le 2e prix lui a été accordé. Cette étuve se compose d'une caisse rectangulaire en fonte doublée de briques, de 2 mètres à 2m,50 de longueur sur 1 mètre de largeur et 2 mètres de hauteur. C'est dans cette caisse que l'on étend le linge ; un courant d'air, chauffé par un calorifère placé à la partie inférieure de la caisse, vient opérer la dessiccation avec une grande rapidité.

Ce qu'il y a de plus ingénieux et de plus nouveau dans cet appareil, c'est le moyen employé pour étendre le linge, l'entrer dans l'étuve et l'en faire sortir. Toute l'opération se fait en dehors de l'étuve, à l'aide d'un jeu très-simple de tringles et de petites portes commandant chaque ligne d'étendage.

M. le docteur Benet avait exposé un petit appareil à laver

le linge dont le principe repose sur des altern atives d'immersion dans l'eau de savon chaude, et de compression mécanique en dehors du bain. C'est évidemment le plus simple et le moins coûteux des instruments du même genre, il convient surtout au linge fin ; mais ses usages paraissent se restreindre à de petites quantités de linge. Il ne semble pas probable qu'en augmentant ses dimensions, afin de faire plus de travail, on puisse le faire entrer avantageusement en concurrence avec les machines à laver la lessive habituellement employées. Cependant, tel qu'il est, comme il peut et doit être conseillé aux petits ménages, le jury a décerné le 3ᵉ prix à M. le docteur Benet.

6° Pétrins.

Les pétrins mécaniques pour la fabrication du pain étaient au nombre de 7, présentés par autant d'exposants. A cause du but important et des difficultés sérieuses que présentent ces machines, difficultés que certains exposants ont assez heureusement vaincues, le jury leur a accordé une médaille d'or et une médaille d'argent.

C'est à M. Boland qu'a été décernée la médaille d'or, et à M. Straus la médaille d'argent.

M. Boland fils continue avec succès l'œuvre de son père, qui avait acquis une grande réputation dans la construction et l'amélioration des pétrins mécaniques.

Le pétrin qu'il avait présenté à l'exposition est des plus remarquables par la qualité de la matière, la simplicité et la puissance des mouvements, la facilité du maniement et du nettoyage, le bon emploi de la force, la régularité et le liant de la pâte produite.

Dans une auge en fonte polie, ayant les formes d'un demi-cylindre, se meut une hélice à double palette, forgée d'une seule pièce avec l'axe, et cependant évidée entre cet axe et les bords de l'hélice. Cette ouverture donne passage à la pâte, la fait revenir sur elle-même sans la déchirer outre mesure, et permet, suivant la vitesse imprimée, à de petites quantités d'air de s'y mélanger plus ou moins.

Une fois la pâte achevée et levée, quand on veut la retirer, un mouvement spécial fait incliner l'auge de façon que, l'hélice aidant encore, la matière s'en va successivement tomber dans des corbeilles, où elle se moule de la façon voulue. Sous l'influence de l'hélice, le départ de la pâte est si complet, que l'auge devient brillante, au point qu'on la croirait lavée.

Le jury, du reste, n'a pas été seul à apprécier les hautes qualités du pétrin de M. Boland, le public l'a, depuis long-temps, jugé avec la plus grande faveur. Mais un détail qui a encore frappé le jury, c'est la hardiesse et la précision d'exécution de l'hélice dont nous venons de parler, et une médaille d'argent a été accordée au contre-maître habile et dévoué qui, depuis bien des années, exécute ces hélices dans les ateliers de M. Boland avec une perfection sans cesse croissante.

Le pétrin de M. Straus est également doué des meilleures qualités. Évidemment l'auteur connaît très-bien les conditions de la panification.

7° *Appareils de cave.*

M. Biziat avait antérieurement obtenu une médaille d'argent pour son cric à aider au soutirage des vins. Depuis, il a sensiblement amélioré son appareil, et le jury a rappelé la médaille d'argent précédemment accordée à ce fabricant, dans la catégorie des instruments de cave. Voici, en quelques mots, le but du cric de M. Biziat et les principes sur lesquels il repose :

Quand on arrive à la fin du soutirage d'un tonneau, c'est-à-dire quand on approche de la lie, il reste une portion encore importante de liquide clair que l'on n'obtient qu'en soulevant l'arrière du tonneau ; mais, pour réussir dans cette opération, il faut y aller avec la plus grande précaution, car la moindre secousse ferait remonter la lie. C'est pour faciliter l'opération et la rendre sûre, même pour de grandes pièces, que M. Biziat a imaginé son instrument. Il consiste en une barre de fer taillée, d'un bout, en pied de biche, pendant que de l'autre elle porte une large roulette. Sur le dessus du tonneau et contre le premier cercle, en avant de la bonde, on applique le pied-de-biche et l'on fait porter le rouleau contre la muraille située derrière la pièce. Ceci fait, on fait agir un petit treuil à hélice monté vers le milieu de la barre de fer. Sur ce treuil vient s'enrouler tout doucement une courroie en cuir qui, par son bout libre, porte un crochet qu'on accroche au jable postérieur de la pièce. L'arrière de la pièce s'élève alors avec la plus grande régularité, et la partie claire du vin qui surnage sur la lie arrive seule au robinet. A l'exposition de 1856, le cric de M. Biziat portait un treuil à engrenages avec encliquetage; en 1860, il était muni d'un treuil à hélice sans encliquetage; cette amélioration mérite d'être notée.

Les porte-bouteilles de M. Barbou ont valu une médaille de bronze à leur auteur.

Ces porte-bouteilles, que tout le monde connait, sont en gros fil de fer convenablement tordu. Chaque bouteille y a sa place indépendante. C'est déjà un avantage incontestable que le public a su bien apprécier; mais il en est un autre encore auquel les viticulteurs sont très-sensibles; c'est qu'en raison de l'élasticité des tiges les vins qu'on loge dans ces espèces de meubles ressentent bien moins les vibrations extérieures, très-fréquentes dans les grandes villes, et qui sont si nuisibles à la conservation des vins délicats.

Rien n'est plus mauvais pour le vin qu'on consomme en le tirant par pots, au tonneau, que l'air qui s'introduit et se renouvelle sans cesse par la bonde, ou toute autre ouverture qu'on pratique afin de permettre à l'air de combler le vide laissé par le liquide extrait. Avec son fausset hydraulique, M. Bélicart arrête cette circulation surabondante et inopportune, et il ne laisse entrer dans la pièce que la quantité d'air indispensable, sans jamais le laisser ressortir; en sorte que l'avarie du liquide par l'air est limitée à l'air de remplacement. Indépendamment de toute théorie, les nombreuses imitations dont l'idée de M. Bélicart est l'objet prouvent qu'il a vu juste et résolu un petit problème utile : le jury lui a accordé une médaille de bronze.

M. David a recherché des procédés propres à prévenir et surtout à signaler instantanément les fraudes que les rouliers, les employés de chemin de fer et d'octroi, les mariniers, etc., pratiquent, trop souvent, sur les fûts de vin qui passent par leurs mains. Les moyens de M. David sont peut-être plus ingénieux que pratiques, mais la question offre un tel intérêt, que le jury, soit pour encourager M. David dans ses utiles recherches, soit pour engager d'autres personnes à joindre leurs efforts aux siens, lui a accordé une médaille de bronze pour l'appareil qu'il nomme fût de sûreté.

M. Chatelain a présenté de vieilles futailles ayant contenu du vin, de la bière, du cidre, qui, soit parce qu'elles n'avaient pas été soignées, soit par suite de l'action du liquide lui-même, avaient contracté un goût si exécrable, qu'elles ne pouvaient plus servir à contenir des boissons. Cependant, après les avoir traitées par des lavages successifs à l'aide d'alcalis et d'acides, M. Chatelain leur avait enlevé tout mauvais goût et toute mauvaise odeur. Le jury a accordé une médaille de bronze à l'exposant après s'être assuré que la grande brasserie du Luxembourg fait un heureux usage de son procédé.

M. Savineau construit des machines à boucher les bouteilles, et, comme il habite la Gironde, il connaît bien les conditions que doivent remplir les vins fins qu'il faut expédier au loin; il sait que le bouchon des bouteilles doit être long et enfoncé avec force touchant presque au liquide. Cette dernière condition est rarement remplie parce que la compression de l'air ferait éclater les bouteilles. Aussi les machines de M. Savineau sont munies d'une fine aiguille cannelée qui, introduite avant le bouchon et retirée après, permet à l'air de s'échapper. Ce procédé ingénieux est connu depuis long-temps, mais il était peu pratiqué ; M. Savineau a bien fait de l'appliquer. Ses machines sont, d'ailleurs, bien faites et à des prix modérés. Le jury lui a accordé une médaille de bronze.

M. Chalopin avait aussi présenté des machines à boucher les bouteilles, d'une bonne construction, mais sans aiguille : le jury lui a accordé une mention honorable.

8° *Appareils pour la farine.*

Une des belles industries où la France prime sans con-teste toutes les autres nations, c'est l'art de fabriquer les plus belles farines. Cependant, tous les jours, des perfectionnements viennent s'ajouter aux progrès déjà faits, et l'exposition de 1860, comme ses aînées, en a donné la preuve. 35 expo-sants, en ce genre, y avaient présenté 61 objets de toute sorte. C'étaient des moulins, des tissus pour bluterie, des net-toyages, des meules, des aérateurs, des marteaux à rhabil-ler, des étuves pour dessécher la farine, etc., etc.

Au milieu de tant d'appareils de minoterie ou produits divers et importants, le jury a dû faire des divisions et étendre le cercle des récompenses.

Il n'y avait pas à l'exposition de très-grands moulins à farine. Les petits, ceux qui sont destinés à l'usage d'une seule exploitation rurale, paraissaient, au contraire, s'y être donné rendez-vous.

M. Bouchon avait exposé son petit moulin agricole facile-ment transportable. C'est en quelque sorte une usine en miniature. Meules et bluterie avec les accessoires, rien n'y manque, et tout cela fournit un travail utile.

M. Bouchon a atteint ce résultat en donnant à ses petites meules, de 30 centimètres à peine, toute la surface d'affleu-rement possible, et, comme moyen principal, il les a mu-niés, à l'œillard, d'une petite noix d'acier qui ouvre et con-casse le Blé, que la meule n'a plus ensuite qu'à affleurer.

Beaucoup de nos exploitations rurales, pour se mettre en garde contre les sécheresses, qui réduisent le travail de nos grandes usines et les rendent insuffisantes, ont adopté le moulin Bouchon pour les cas exceptionnels et s'en trouvent très-satisfaites. C'est donc là un service agricole qu'a rendu M. Bouchon, et le jury l'a reconnu en lui rappelant sa médaille d'or de 1856.

M. Pinet a présenté un petit moulin dont les meules, de 80 centimètres, sont aisément mises en mouvement par un manége à trois chevaux; manége que, faute d'eau ou de vapeur, on rencontre, aujourd'hui, dans toute exploitation de médiocre importance. Ce moulin ne coûte, d'ailleurs, que 700 francs et donne de très-bons produits, surtout quand on y applique le compensateur de vitesse, dont M. Pinet est aussi l'inventeur. Le jury a accordé une médaille d'argent à M. Pinet pour son moulin à farine.

M. Falguières construit des moulins dont les meules tournent dans un plan vertical. Ces meules sont de très-petites dimensions, 40 à 45 centimètres environ de diamètre. Sur la meule gisante, attachée à la pointe fixe d'un tour, vient s'appliquer la meule courante montée sur l'axe creux et mobile de ce même tour. C'est par cet axe, au centre duquel est une vis fixe faisant fonction d'hélice, que s'introduit le grain qui, après avoir passé entre les meules, se blute à la manière ordinaire.

L'appareil qui fonctionnait à l'exposition donnait de bons produits, et paraissait employer peu de force, eu égard au travail produit. Les meules, quoique travaillant toute la journée et d'une manière continue, ne s'échauffaient pas sensiblement, et la farine tombait presque froide.

Sans vouloir se prononcer sur la valeur absolue du moulin de M. Falguières, le jury a reconnu qu'il a l'avantage d'occuper très-peu de place, d'être facilement transportable, de se monter presque sans aucuns frais sur le premier moteur venu, d'être bon marché et d'une conduite facile. Une médaille d'argent a été accordée à M. Falguières.

La maison Dupetit, Theurey, Guenvin, Bouchon et comp. continue à livrer au commerce ses excellentes meules de la Ferté-sous-Jouarre, qui lui ont valu sa grande réputation. Le jury a rappelé la médaille d'or qu'elle avait déjà obtenue.

La maison Roger et comp. avait présenté de très-bonnes meules de la Ferté-sous-Jouarre. C'est, d'ailleurs, une maison très-recommandable. Le jury lui a décerné une médaille d'argent.

Les meules en pierre de la Ferté-sous-Jouarre exposées par M. Fauqueux sont également très-estimées. Le jury a accordé la médaille de bronze à cet exposant.

M. Thibaut-Mesnet avait exposé des meules en pierre de Cinq-Mars : il y a là une chose intéressante ; car, les belles qualités de pierre de la Ferté-sous-Jouarre devenant, chaque jour, plus rares et plus chères, il faudrait peut-être les économiser et ne pas les appliquer aux moutures communes. Avec la pierre de Cinq-Mars, qui a une qualité relativement bonne, on obtient le bon marché. Le jury, appréciant les efforts de M. Thibaut-Mesnet, lui a accordé une médaille de bronze.

M. Touaillon, qui a rendu des services importants à l'art de la meunerie, avait exposé la machine à nettoyer le Blé charbonné, qui lui a valu la médaille d'or en 1856. Le temps n'a fait que confirmer le jugement des premiers juges. Aussi le jury de 1860 a-t-il rappelé la médaille d'or accordée à cet inventeur.

M. Baillargeon avait présenté un petit appareil, assez ingénieux, propre à extraire les corps étrangers au Blé avant de le faire passer au grand nettoyage. Cet appareil a un succès mérité dans les départements de l'ouest qu'habite M. Baillargeon. Le jury lui a accordé une médaille de bronze.

Le nettoyage à Blé de M. Duhamel est fort énergique pour les petites quantités. Il est simple, de petite dimension. Les petites minoteries peuvent en tirer bon parti. Le jury a accordé une médaille de bronze à M. Duhamel.

M. Grellet père avait exposé des marteaux à rhabiller d'une bonne fabrication, d'une excellente trempe et qui ont une réputation méritée : le jury lui a accordé une médaille de bronze.

MM. Tierce frères avaient présenté un appareil dit archeur de moulin aérateur; il est ouvert comme une persienne, sur les côtés, ce qui permet à l'air de se renouveler autour de la meule courante et de la refroidir. L'effet est loin d'être aussi complet que dans les aérateurs ordinaires qui obligent l'air à suivre le même chemin que le Blé; mais, si ces aérateurs refroidissent mieux les meules que l'archeur de MM. Tierce, ils ont l'inconvénient de donner des coups de soufflet qui, en chassant inégalement la farine engagée entre les meules, les dérèglent au point que, presque dans toutes les usines faisant de belles farines, on a été obligé de renoncer à l'aération. Le jury, appréciant les efforts de MM. Tierce, et voulant, d'ailleurs, appeler l'attention des inventeurs sur cette question importante, a accordé une médaille de bronze à MM. Tierce frères.

Les farines que l'on veut conserver longtemps, telles que celles destinées aux exportations lointaines, ont besoin d'être étuvées avant d'être enfermées dans les fûts qui doivent les contenir; mais en chauffant ainsi les farines il faut, tout en leur enlevant la plus grande partie de leur eau hygrométrique, bien éviter de les porter au delà de 70°, sans quoi leur pâte ne lèverait plus que difficilement. Il faut aussi éviter de trop saturer d'humidité l'air chaud qui doit opérer la dessiccation, parce que, s'il se faisait la moindre condensation, chaque goutte d'eau retombant dans la farine y créerait des agglomérations nuisibles. Tous ces inconvénients M. Touaillon les a parfaitement sentis, et l'appareil étuveur qu'il avait exposé les évite avec bonheur. Au centre d'un grand disque de tôle formant la partie supérieure d'une boîte à vapeur mise en communication avec un générateur, M. Touaillon fait tomber très-régulièrement la farine qu'il veut étuver. Aussitôt cette farine, reprise par un râteau circulaire dont le centre de mouvement est aussi au centre du disque, est étendue sur la plaque et successivement poussée vers la circonférence, où elle finit par gagner un orifice par où on la recueille pour l'emballer immédiatement.

En réglant l'arrivée de la farine et le mouvement du râteau, la farine oscille, pendant un temps suffisant, entre 55° et 65°. M. Touaillon n'avait présenté, à l'exposition, qu'un appareil d'essai qui était même à peine terminé. Cependant, malgré cette date récente, l'idée a paru si simple et si juste, que le jury lui a accordé une médaille d'argent. Depuis l'époque du concours, ainsi que l'a montré un rapport de notre collègue M. Payen, les étuves de M. Touaillon ont complétement justifié la bonne opinion que le jury en avait conçue.

Autrefois toutes les gazes employées dans la minoterie venaient de l'étranger; aujourd'hui M. Hennecart, qui y a importé cette industrie, exporte pour 3 à 400,000 francs de ses produits, après avoir fourni plus des trois quarts des gazes dont notre minoterie a besoin. Un rappel de médaille d'or lui a été décerné.

9° Moulins à cidre et à plâtre.

Les moulins à cidre n'avaient rien qui dût frapper l'attention : le jury l'a regretté.

Quant aux moulins à plâtre, ils étaient très-bien représentés.

M. Fauconnier avait exposé l'appareil qui lui a valu la médaille d'or en 1856. Cette ingénieuse machine mérite toujours sa réputation : ce qui en fait le succès, c'est que M. Fauconnier, en séparant perpétuellement le plâtre déjà rendu fin de celui qui a encore besoin de l'action des meules, à l'aide d'un petit appareil dragueur et tamiseur fort élégant, et n'exigeant que très-peu de force, a augmenté singulièrement l'effet utile de la machine, tout en en réduisant les dimensions, le poids et le prix. Le jury, appréciant que rien de mieux n'avait été fait depuis l'invention de M. Fauconnier, lui a décerné un rappel de médaille d'or.

M. Jannot avait exposé deux grands broyeurs, l'un à drague automate et tamis circulaire incliné, l'autre à pile grillée dans le fond. Ces appareils, qui sont considérables par les dimensions et le prix, donnent aussi de bons résultats. Avec le premier on obtient le plâtre aussi fin qu'on peut le désirer; le second ne donne que du plâtre grossier, mais en grande quantité. Le jury a accordé une médaille de bronze à M. Jannot.

10° *Appareils pour battre les faux.*

Deux systèmes de machines et appareils à battre les faux étaient en présence à l'exposition. Dans l'un, les constructeurs, se contentant de donner un guide à la faux, laissent le marteau dans les mains de l'ouvrier; l'autre était la machine ordinaire dont le marteau mis en mouvement par une pédale frappe des coups toujours égaux.

Ce dernier système, le plus séduisant des deux, est-il le plus pratique? cela est douteux. Si les lames de faux étaient toutes d'une égale dureté, si souvent les différentes parties de la même lame ne présentaient pas, sous ce rapport, des différences sensibles que la main du faucheur sait apprécier et rectifier, la machine serait parfaite; mais il n'en est pas ainsi d'un simple guide qui, régularisant seulement le mouvement de la lame sur l'enclume pendant que l'ouvrier mesure ses coups, paraît meilleur, et c'est ce système qu'a préféré le jury.

M. Ratel est l'exposant qui a semblé remplir le mieux les conditions dont nous venons de parler. Avec sa petite enclume, du prix modique de 12 fr., on peut battre la faux dans toutes les directions. Ainsi, après l'avoir aplatie uniformément, on peut lui donner le biseau convenable, condition essentielle que ne remplissaient pas les autres appareils. Le jury a accordé une médaille d'argent à M. Ratel.

L'enclume de M. Rangod est construite sur des principes

analogues à ceux qu'a appliqués M. Ratel ; seulement les coups de marteau ne peuvent se donner que dans la direction verticale : le jury lui a accordé une médaille de bronze.

Une médaille de bronze a été également décernée à M. Dubois, qui a exposé des machines à pédales simplifiées et à bas prix.

11° *Appareils pour les sucreries et les distilleries.*

Les appareils destinés à la sucrerie étaient peu nombreux.

Cependant le jury a remarqué 3 exposants qui, à des titres divers, ont mérité d'être signalés. Ce sont MM. Debièvre-Lesaffre, Gautron et Ozouf.

M. Debièvre-Lesaffre avait exposé un instrument qu'il a justement nommé pulpeur mécanique. Cette machine, fort simple et fort ingénieuse, a pour but de remplacer l'ouvrier chargé de pelleter la pulpe, au fur et à mesure qu'elle tombe de la râpe, et de la mettre dans les sacs ou sur les nappes à compression.

La pièce principale du pulpeur est une pelle automate, qui prend la pulpe, l'enlève à une certaine hauteur et la jette dans une espèce d'entonnoir au-dessous duquel les ouvriers la reçoivent dans les sacs ou sur les nappes à compression. La quantité de pulpe ainsi enlevée est toujours la même, et le travail toujours régulier, parce que les ouvriers des râpes, comme ceux des presses, sont obligés de suivre exactement les battements du pulpeur, qui devient ainsi un moyen mathématique de surveillance. Le jury a accordé à M. Debièvre-Lesaffre une médaille de bronze.

M. Gautron a remarqué que, dans les hydro-extracteurs à force centrifuge, le coussinet qui, à sa partie supérieure, maintient l'axe dans sa position verticale s'use très-vite, ainsi que l'axe lui-même. La difficulté du graissage, les matières qui tombent sur ce coussinet, les nombreuses vibrations qu'il a à supporter, sont les causes principales de la destruction du métal qui le compose. Pour parer à ces inconvénients, M. Gautron a remplacé la partie métallique du coussinet, exposée au frottement, par du nerf de bœuf, dont les fibres sont dans la direction du rayon de l'axe. Aussitôt, en raison de la nature élastique, glissante et tenace de cette matière, tout graissage est devenu inutile, et toute destruction sérieuse a cessé. Le jury, considérant que cette invention a déjà rendu des services et que son extension pourrait encore en rendre, a décerné une médaille de bronze à M. Gautron.

M. Ozouf avait exposé un appareil que le jury a trouvé remarquable pour carbonater très-rapidement et très-complétement les jus de betteraves obtenus par la méthode de M. Rousseau, ou bien les mélasses traitées par le procédé Dubrunfaut.

M. Ozouf a atteint son but en faisant aspirer simultanément le jus à carbonater et l'acide carbonique par une même pompe. Les soupapes sont disposées de telle manière que l'acide carbonique, très-divisé au moment où il entre dans le corps de pompe, est obligé de traverser tout le liquide. Les surfaces mises en contact avec le gaz étant alors très-grandes et le gaz, d'ailleurs, en très-grand excès, la saturation est très-rapide. Cependant il ne fallait pas perdre l'excès d'acide carbonique introduit; c'est ce qu'a bien compris M. Ozouf; aussi a-t-il disposé les choses pour que, le liquide saturé allant dans un réservoir, l'acide carbonique, en excès, retourne au gazomètre d'où il était d'abord sorti.

Dans cet appareil on retrouve le sens pratique, la bonne exécution et la richesse d'imagination de son auteur. Le but est complétement atteint; mais le jury s'est demandé s'il n'était pas dépassé. En effet, il y a excès d'acide carbonique très-divisé et très-pur en présence de chaux et d'eau; la chaux se carbonate, mais l'eau se charge aussi d'acide carbonique : or l'eau chargée d'acide carbonique dissout le carbonate de chaux. Le jury s'est demandé ce que deviendra ce carbonate tenu ainsi en dissolution. N'altérera-t-il pas le noir animal? N'encrassera-t-il pas les chaudières bien plus que cela n'a lieu aujourd'hui? Parce que, aujourd'hui, l'acide carbonique que l'on emploie n'étant pas pur, étant, au contraire, mélangé d'environ deux fois son volume d'azote, ne se dissout presque pas dans l'eau, à cause de cet azote même, tandis qu'il agit avec une énergie relativement bien plus considérable sur les alcalis à saturer, et particulièrement sur la chaux. Ensuite, par le procédé ordinaire, l'acide carbonique est puisé dans le four à chaux; il ne coûte que très-peu de chose. Dans celui de M. Ozouf, il faut le préparer spécialement, avec des calcaires et des acides. C'est là une dépense faible il est vrai, mais c'en est une.

La pratique peut seule répondre à toutes ces questions, et tout en appréciant hautement, au point de vue spéculatif, l'appareil de M. Ozouf, il faut, avant de se prononcer d'une manière définitive, en attendre les résultats industriels: aussi le jury a cru ne pouvoir, quant à présent, décerner à cet inventeur qu'une mention honorable.

La fabrication de l'alcool est devenue un des principaux éléments de succès de notre agriculture. Les grains, la Betterave, les racines sucrées diverses, qui laissent des résidus précieux pour les bestiaux, y sont employés au plus grand avantage de nombre de nos exploitations; chaque jour, aussi, voit apporter des modifications heureuses dans les procédés primitifs de distillation de ces matières. L'exposition comptait 18 plans ou appareils ayant rapport à cette grande industrie. Ils avaient été présentés par 13 exposants.

Celui des concurrents qui doit occuper le premier rang est M. Champonnois. Cet inventeur ne se contente pas d'avoir réalisé la belle idée de transporter, au sein même de nos fermes, une industrie rurale qui les enrichit par les produits qu'elle exporte, et les engrais qu'elle leur donne. Chaque jour il améliore ses procédés, simplifie ses appareils, les établit à meilleur compte. Déjà il a été constaté, plus haut, que M. Champonnois a remporté un 1er prix pour ses coupe-racines à double effet. Ici nous devons parler des procédés de distillation. M. Champonnois avait présenté des alambics en fonte qui paraissent offrir une résistance aussi grande

que ceux en cuivre. Il avait aussi exposé le plan du dernier
modèle de ses distilleries; tout y est bien aménagé, bien
entendu, réduit à l'espace le plus strict et à la main-d'œuvre
la plus minime; une carte de France où le lieu de chaque
fabrique qu'il a établie était piqué d'une épingle méritait
également de fixer l'attention; cette carte comptait 160 fa-
briques.

Devant tous ces titres, le jury a pensé qu'une médaille
d'or ordinaire serait insuffisante, et, à l'unanimité, il a demandé à M. le ministre de l'agriculture, qui a bien voulu
l'accorder, une grande médaille d'or exceptionnelle pour
M. Champonnois.

M. Kessler avait présenté un macérateur de la pulpe de
Betteraves, et, sous le nom de M. Robinet, qui l'a construite,
une colonne de rectification heureusement modifiée.

Considérant que la macération des cossettes n'est pas toujours complète, que la compression des pulpes entraîne à de
grands frais d'appareils et de main-d'œuvre, M. Kessler a
cherché à réunir dans un procédé mixte les avantages des
deux systèmes. Il râpe d'abord la Betterave, opération facile
et peu coûteuse partout où l'on peut disposer d'une chute
d'eau. La Betterave étant râpée, il en étend la pulpe, en
couche mince, sur une grande claie rectangulaire et couverte
d'une toile grossière. Là, à l'aide d'un tuyau de cuivre percé
de petits trous dans toute sa longueur, qui est de 2 mètres,
c'est-à-dire de la largeur de la claie; il lave méthodiquement
la pulpe en promenant au-dessus le tuyau qui amène le liquide et la laisse échapper par les petits trous. Ce liquide
boraest' d ddes vinasses sucrées, puis d'autres qui le sont
moins, ensuite des troisièmes qui ne le sont pas du tout,
enfin de l'eau pure.

Quant à la colonne de rectification, c'est, en apparence,
la colonne ordinaire; mais M. Kessler a doublé le nombre
des diaphragmes sans augmenter celui des jointures. On
comprend que, par suite de cette amélioration, le nombre
des laveurs étant lui-même doublé, la désinfection de l'al-

cool se fait beaucoup mieux. Six distilleries étaient, en 1860, établies d'après le système de l'inventeur ; les résultats obtenus étaient très-bons. Aussi le jury, appréciant hautement la valeur des travaux de M. Kessler, lui a décerné une médaille d'or.

M. Egrot avait exposé un alambic rectificateur digne de l'ancienne maison qui, sous son père, a rendu tant de services à l'industrie. Cet alambic, d'une très-bonne exécution, renferme quelques dispositions nouvelles et heureuses. Le jury lui a accordé une médaille d'argent.

M. Dreyfus a, dans les alambics, substitué au cuivre rouge le laiton qu'il travaille avec autant de facilité que le cuivre lui-même ; de là une réduction de prix dont on doit lui savoir gré : le jury lui a accordé une médaille de bronze.

M. Robinet (de Metz) est le constructeur de la colonne de rectification de M. Kessler, et c'est à ce titre qu'il avait exposé un modèle de cet appareil ; il avait, de plus, présenté un alambic propre à distiller les matières pâteuses fermentées. Le jury a accordé à M. Robinet une médaille de bronze.

12° *Objets divers.*

M. Brame, chimiste, à Tours, avait exposé un appareil à déplacement d'air, qu'il a appelé *ammonomètre*, à l'aide duquel on peut débarrasser assez rapidement les quantités d'ammoniaque libre qui existent dans un fumier, ce qui permettrait, suivant l'auteur, de guider les cultivateurs dans les opérations qu'ils font subir à leurs fumiers pour atteindre le maximum d'effet utile.

M. Brame opère en soutirant des fumiers, par le moyen de son ammonomètre, une même quantité d'air, dans le même temps, et en faisant passer cet air sur une série de papiers réactifs à différents titres. Plus il y a d'ammoniaque, plus il y a de papiers attaqués, et plus le changement de couleur se prolonge dans le tube ; moins il y en a, moins il y a de papiers attaqués, et moins le changement de couleur

se prolonge dans le tube : en sorte que la quantité d'ammoniaque peut se déterminer, jusqu'à un certain point, par la
longueur du tube, où la modification de teinte s'arrête. Pour
faciliter le calcul, M. Brame a construit des tables à l'aide
desquelles on interprète immédiatement les données de
l'expérience précédente. Nous ne faisons que décrire cet appareil sans garantir son degré d'exactitude.

M. Brame avait encore exposé un spécimen de la disposition qu'il conseille d'adopter pour les étables, afin que le
fumier qui en sort soit le plus riche possible, et à ce spécimen il avait ajouté du fumier préparé par son procédé, qui
donnerait une plus grande richesse au fumier fourni par un
nombre déterminé d'animaux domestiques que les fosses découvertes ordinairement employées. Ces études de M. Brame
ont paru au jury mériter d'être encouragées, et il lui a décerné une médaille d'or.

M. Girard avait mis sous les yeux du jury un appareil
pour la conservation et le transport du lait.

Il est d'usage, dans les exploitations qui fournissent du
lait aux grandes villes, de le refroidir le plus rapidement
possible, et aussitôt qu'on vient de le traire; sans cela, le
transport en deviendrait difficile. L'appareil de M. Girard a
pour but de faciliter cette opération. C'est une grande
caisse rectangulaire en fer-blanc, n'ayant pas plus de 5 centimètres de largeur, sur 1 mètre 80 cent. à 2 mètres de longueur et 50 à 60 centimètres de hauteur. Cette espèce de
boîte est, elle-même, plongée dans une caisse plus grande,
dans laquelle on fait passer un courant d'eau froide. C'est
dans la caisse étroite qu'on introduit le lait qui, nécessaire-
ment, se met rapidement en équilibre de température avec
l'eau ambiante.

Pour donner plus de puissance à son appareil, M. Girard
a eu l'heureuse idée de diviser sa caisse de fer-blanc en plusieurs compartiments, à l'aide de pièces mobiles qui, une
fois ôtées, permettent un nettoyage facile. Ces pièces sont
disposées de telle manière que le lait parcourt successive-

ment chacun de ces compartiments, et, comme le courant d'eau marche en sens inverse du lait, celui-ci arrive plus vite au minimum de température.

Le jury, appréciant les services que cet appareil rendra aux exploitations qui ont de grandes quantités de lait à exporter, a accordé la médaille d'argent à son auteur.

M. de Villepoix a appliqué les filtres des chimistes à la grande industrie; seulement, pendant que le plus grand filtre de laboratoire ne contient guère plus d'un litre de liquide, ceux de M. de Villepoix peuvent en recevoir plusieurs hectolitres.

Comme l'instrument des chimistes, l'appareil de M. de Villepoix se divise en deux parties, l'entonnoir et le filtre.

L'entonnoir est une grande caisse ayant la forme d'une pyramide quadrangulaire tronquée, dont la plus grande base est ouverte et en dessus. Quant au filtre, fait en grand papier, d'une seule pièce, il vient tapisser toute cette caisse. Seulement, comme la pression des liquides ferait coller le papier contre les parois de la caisse au point d'anéantir la plus grande portion des surfaces filtrantes, la caisse, sur toute sa surface interne, porte de nombreuses et profondes cannelures sur les arêtes desquelles le papier s'appuie. On voit que c'est l'appareil des laboratoires renversé, puisque, ici, c'est l'entonnoir qui porte les plis sous forme de cannelures, et le papier les parties lisses. Inutile d'ajouter que, le fond de la caisse étant lui-même cannelé et incliné, tout le liquide filtré vient sortir à l'un des bouts, où on le recueille. Suivant la nature des liquides, M. de Villepoix fait ses caisses en bois, ou en bois couvert de métal. A l'exposition de 1860 c'était de l'huile qui filtrait, et la caisse était doublée de fer-blanc. Le jury a accordé une médaille de bronze à M. de Villepoix.

M. Marmet avait exposé un éboueur à main, d'une forme simple et d'un maniement facile, qui fonctionne avec avantage dans quelques-unes de nos villes de province. La boue des villes étant un amendement précieux pour les terres, c'est donc un service rendu à l'agriculture que d'en faciliter l'enlèvement. Le jury a accordé une médaille de bronze à M. Marmet.

Les balais en Jonc d'Amérique, de M. Guérard des Lauriers, sont très-propres, très-résistants, et pourrissent moins facilement que ceux de Sorgho ordinaires. Quelques-unes de nos grandes minoteries leur donnent une préférence marquée. Le jury a voulu les signaler à l'attention des cultivateurs en leur accordant une médaille de bronze.

8° SECTION. — *Machines à faucher, à faner, à moissonner.* — *Concours de Vincennes et de Fouilleuse.*

Le tableau précédent ne serait pas complet, ne représenterait pas exactement la situation de la mécanique agricole en 1860, si un chapitre n'était consacré à l'examen des machines destinées à la fenaison et à la moisson. Le jugement de ces machines ne pouvant avoir lieu que sur le terrain, et l'époque du concours de 1860 n'étant pas propice à des expériences sur la moisson, il a été décidé que deux jurys spéciaux, qui comptaient plusieurs membres de notre société, MM. de Béhague, Dailly, Lécouteux, Moll, le baron Séguier, et Barral, rapporteur, seraient chargés de se prononcer sur le mérite des appareils présentés soit pour la coupe des fourrages, soit pour celle des céréales.

Le concours des machines destinées à la fenaison a eu lieu, les 18, 19, 20 et 21 juin, sur le domaine impérial de Vincennes; celui pour les machines destinées à la moisson, sur la ferme impériale de Fouilleuse, près de Saint-Cloud, les 31 juillet, 1er et 2 août.

Pour donner plus d'importance à ces deux solennités, elles avaient été déclarées internationales, c'est-à-dire que les machines étrangères aussi bien que les machines françaises avaient été convoquées. Dans les deux concours le programme réservait aux instruments français trois prix, de 1,000 fr., de 500 fr. et de 300 fr., accompagnés chacun d'une médaille d'or, d'une médaille d'argent et d'une médaille de bronze. Les machines étrangères avaient droit à un même nombre de primes, et l'on devait, en outre, décerner une médaille d'honneur à la machine, soit française, soit étrangère, reconnue la meilleure dans toute l'exposition. Pour appliquer ce programme, les jurys ont décidé que la nationalité de l'inventeur, et non pas celle du constructeur, constituerait la nationalité de la machine, de telle sorte qu'on devrait regarder comme machine étrangère toute machine inventée par un étranger et d'abord expérimentée dans un autre pays, alors même que maintenant elle serait fabriquée dans des ateliers français.

Le succès des expériences a laissé à tous les spectateurs l'opinion que la cause des machines était gagnée, et qu'il restait seulement à attendre des perfectionnements de détail que la pratique seule peut suggérer.

1° *Machines à faucher.*

Dans toute exploitation rurale, il faut obtenir un revenu net destiné à payer la rente de la terre et celle du capital employé aux besoins de la culture. Il en résulte la nécessité de vendre une partie des denrées récoltées, et qui s'étaient assimilé, pendant les diverses phases de la végétation, une partie de la richesse du sol cultivé. L'appauvrissement du domaine, le décroissement rapide de la fertilité des terres ne tarderaient pas à se manifester, au grand détriment de la fortune publique et de la prospérité de l'État, si le cultivateur n'avait soin d'empêcher l'épuisement du sol en y apportant des engrais contenant toutes les matières que les récoltes successives lui enlèvent. Pendant longtemps on n'a connu qu'un seul moyen d'opérer constamment cette restitution indispensable, c'est de faire du fumier par l'entretien du bétail. Le guano, le phosphate de chaux fossile, et les engrais commerciaux que l'on sait fabriquer avec les matières perdues naguère dans les villes et dans les usines, se substituent aujourd'hui, dans une certaine mesure, aux engrais produits dans les fermes par les troupeaux, mais ils sont en quantité trop faible pour que les écuries, les étables, les bergeries et la basse-cour ne continuent pas à être long-temps la source principale à laquelle il faut avoir recours pour maintenir ou augmenter la fertilité des terres. Il est heureux qu'il en soit ainsi, pour que le prix de la viande ne s'élève pas indéfiniment; la découverte d'un engrais artificiel à bon marché ne sera un bienfait qu'à la condition qu'on l'emploiera, en grande partie, à améliorer les prairies. L'irrigation doit aussi être puissamment encouragée, pour augmenter la production des fourrages et venir en aide à la production de la viande, qui ne peut maintenant suivre l'accroissement rapide des besoins de la consommation. Or l'entretien du bétail exige impérieusement que l'on fauche, chaque année, de grandes surfaces de prairies naturelles ou artificielles. On estime la bonté d'une culture par l'abondance des fourrages qu'elle produit. Toute perte dans la récolte du foin cause un double dommage, en portant atteinte à la production de la viande et en même temps à la production du Blé par la diminution des engrais de la ferme. C'est ainsi que, lorsque le fourrage vient à manquer par une sécheresse prolongée ou par toute autre cause, on peut annoncer que, si les intempéries de l'atmosphère y concourent, il arrivera bientôt que les céréales ne fourniront que de maigres moissons. Qu'une nation produise beaucoup de foin de bonne qualité, et elle a à la fois beaucoup de pain et beaucoup de viande. Toute économie dans les frais de la production du foin correspond à une diminution dans le prix de revient du Blé.

La coupe des prairies est le plus souvent contrariée par de mauvais temps qui empêchent que les fourrages puissent être rentrés dans les greniers ou mis en meules, soit complétement, soit en parfait état de conservation. Il faudrait pouvoir profiter de quelques heures de soleil pour sauver la récolte, mais les bras font défaut; et souvent, à quelque prix

que ce soit, on ne parvient pas à trouver la moitié des ouvriers nécessaires pour faucher en temps utile et pour ren-
trer le foin avant qu'il ait subi de funestes altérations dans
sa qualité. On ne peut estimer en moyenne, à moins d'un
quart de la valeur totale de la récolte, la perte faite annuel-
lement pour ces causes. Si des machines conduites par des
chevaux ou des bœufs, et n'exigeant, en outre, qu'un très-
petit nombre d'ouvriers, pouvaient permettre de faucher,
de sécher ou de faner et de ramasser promptement les fourrages des prairies, on arriverait donc à augmenter d'un
quart la production des denrées alimentaires, et il faudrait
encore compter comme bénéfice l'économie considérable
faite sur les frais de la récolte.

Dès que les machines à moissonner, dont l'enfantement
n'a pas duré moins de dix-huit siècles, ainsi que le démon-
trent les textes de Pline et de Palladius, ont commencé à
marcher avec quelque régularité, on a essayé de les appliquer à la coupe des fourrages. Mais des difficultés assez
graves ont empêché le succès de ces tentatives. Des machines
faites pour couper des tiges sèches, droites, se laissant scier
facilement par le pied, et tombant ensuite naturellement
sous le poids de l'épi, ne pouvaient plus fonctionner lorsqu'elles étaient engagées à travers un tissu d'herbes fraîches,
flexibles, qu'il faut faucher avant la maturité des semences,
priusquam semen maturum sit, selon le principe formulé
par Caton depuis vingt-quatre siècles. Les scies des machines à moissonner s'engorgeaient, et bientôt ces engins,
dont le volume est le plus souvent très-considérable, et qui
contiennent, en outre, une foule d'organes nécessaires pour
ranger les céréales sur le sol, mais inutiles pour les herbes
des prairies, s'arrêtaient impuissants. Les constructeurs se
sont appliqués à réduire les dimensions des machines qu'ils
destinaient au fauchage, à supprimer les organes inutiles et
qui absorbaient en pure perte une grande partie de la force
de l'attelage, à concentrer toute la puissance motrice sur la
scie qui doit travailler plus énergiquement pour couper les

lourdes récoltes vertes que pour abattre de légères tiges desséchées. Les efforts dirigés dans cette voie ont abouti à un succès incontesté aujourd'hui.

C'est à l'Amérique que revient la gloire d'avoir le mieux résolu le problème; on conçoit qu'il en ait été ainsi, parce que la nécessité est toujours le meilleur stimulant du génie de l'homme. Dans les États-Unis de l'Amérique, en effet, la main-d'œuvre est plus rare que partout ailleurs, et, sans les machines, il n'y a pas, le plus souvent, de récolte possible; mais aussi les prairies n'y sont pas recouvertes de fourrages bien abondants, de telle sorte que les faucheuses américaines réussissent mieux dans les prés peu fournis. Pour nos belles et riches prairies, ces machines devront être certainement modifiées.

Les premiers essais comparatifs des machines à faucher exposées ont été faits sur une prairie de nouvelle formation de la ferme impériale de Vincennes. Cette prairie avait été créée à l'automne de 1859 seulement, sur des terrains siliceux défrichés à la fin de 1858 et au printemps de 1859; elle ne portait encore que des graminées et pas de légumineuses; elle a été estimée par le jury pouvoir donner, pour la première coupe, de 2,000 à 2,500 kilog. de foin sec par hectare. Les parcelles mesurées à l'avance pour les essais étaient chacune d'une contenance de 20 ares. Le tableau suivant présente le résumé des résultats constatés pour toutes les machines exposées qui ont pu achever leur tâche.

Machines françaises.

NOMS des inventeurs.	NOMBRE de chevaux attelés.	NOMBRE d'hommes employés à la machine.	TEMPS employé pour couper 20 ares (1).	QUALITÉ du travail.
			Minutes.	
Mazier.........	1	2	57	Bon (2).
Legendre.......	2	2	40	Assez bon.
Roberts........	2	1	26	Passable.
Lallier........	2	2	50	Médiocre.

Machines étrangères.

Noms des inventeurs.	Noms des constructrs.	Noms des exposants.	Nombre de chevaux attelés.	Nombre d'hommes employés à la machine.	Temps employé pour couper 20 ares.	Qualité du travail.
					Minutes.	
Wood.	Crabston.	Peltier.	1	1	31	Excellent.
Wood.	Cranston.	Claudon.	1	2	32	Très-bon.
Wood.	Cranston,	Claudon.	2	1	30	Très-bon.
Allen.	Burgess et Key.	Burgess et Key.	2	1	29	Irréprochable.
Allen.	Burgess et Key.	Piednue.	2	1	20	Excellent.
Allen.	Laurent.	Laurent.	1	1	30	Bon,
Brigham et Richerton.	Les mêmes.	Les mêmes.	2	1	22	Assez bon.

Les machines à un cheval coupent, en général, sur une largeur de 0^m,90 à 1 mètre; les machines à deux chevaux, sur une largeur de 1^m,15 à 1^m,30.

Pour que les essais de Vincennes fussent complets, le jury a voulu multiplier les expériences; il a donc fait recommencer les opérations, mais sans pouvoir tenir compte du temps employé pour effectuer le travail, dans une prairie beaucoup plus

---

(1) Les chiffres relatifs au temps mesuré dans les expériences ne doivent être considérés que comme approximatifs; ils dépendent et de la force des attelages et de l'habileté des charretiers. Quoi qu'il en soit, ces chiffres ont vérifié les déclarations des inventeurs, qui ont annoncé que leurs machines fauchent au moins de 3 à 4 hectares par jour.

(2) La parcelle que le sort avait désignée à M. Mazier présentait, par sa configuration, plus de difficultés que les autres pièces; il y avait, notamment, plus de tournants qui ont pris beaucoup de temps.

forte, placée près du fort de Vincennes, et bien fumée, avec les engrais produits par la garnison. En outre, on a fait marcher les machines par la pluie, puis sur des parties de prairies versées en tous sens. Enfin le jury a fait couper du Trèfle incarnat semé dans un terrain très-accidenté.

Plusieurs machines ont triomphé de tous les obstacles et ont donné les résultats les plus satisfaisants, de telle sorte qu'il était manifeste que les prix proposés par le gouvernement étaient bien justement remportés, et qu'il ne pouvait y avoir de doute que sur la machine à laquelle serait attribué le prix d'honneur.

Quoique les faucheuses mécaniques n'aient marché que traînées par des chevaux, et qu'elles n'aient été construites jusqu'ici qu'en réglant la vitesse de la scie sur le pas du cheval, il ne paraît pas douteux que, en modifiant simplement les rapports des dents des engrenages, les constructeurs ne puissent faire des machines propres à être conduites par des bœufs. La plupart des machines primées ont paru, d'ailleurs, assez flexibles pour pouvoir se prêter aux ondulations du terrain et faucher les billons; mais le jury n'a pu les essayer dans de pareilles conditions.

Pour entamer chaque prairie à faucher, on ouvre ordinairement, avec la faux, une piste pour le premier passage du cheval; mais le jury a constaté, par des essais directs, que chaque machine pourrait, à la rigueur, ouvrir sa piste elle-même, sans qu'il en résultât un dommage bien sensible.

On voit, par le tableau précédent, que, dans la classe des machines étrangères, se trouvaient en ligne sept machines appartenant à trois systèmes seulement. Sur les six exposants dénommés, M. Laurent, rue du Château-d'Eau, n° 26, à Paris, a déclaré se retirer du concours international, attendu la présence de MM. Burgess et Key, dont il est le cessionnaire en France. Le jury a été heureux, toutefois, que les prix proposés pour le concours national et général de Paris permissent d'attribuer une médaille d'or à M. Laurent, qui fait de très-louables efforts pour améliorer sa fabrication et pour propager les machines nouvelles.

Les machines qui incontestablement ont le mieux fonctionné sont celles des systèmes américains de Wood et d'Allen. Le jury a placé en première ligne le système de Wood, et en seconde ligne le système Allen. Il a mis au troisième rang la machine de MM. Brigham et Richerton.

La machine inventée par M. Wood, à Hoozick-Falls (État de New-York), est remarquable par ses petites dimensions, par la facilité avec laquelle se démonte la scie chargée de faucher, par le peu de place qu'elle occupe ; elle passe dans presque tous les sentiers où un cheval peut s'engager. Son prix n'est que de 500 à 600 francs, et il pourra, sans doute, s'abaisser à 400 francs. Mais ce qui la distingue surtout, ce sont des organes très-ingénieusement disposés. Elle est montée sur deux roues motrices présentant extérieurement des cannelures pour mieux mordre le sol ; intérieurement, ces deux roues sont garnies d'une couronne dentée ; dans chaque couronne s'engrène un pignon qui peut y rouler librement ou bien s'y appuyer, de manière à transmettre la puissance que lui donne sa résistance contre la roue dentée, à l'axe sur lequel les deux pignons sont montés. Il résulte de ces dispositions que les deux roues qui portent la machine sont toutes deux motrices lorsqu'elles marchent parallèlement ; mais, quand la machine tourne ou pivote, la roue seule qui décrit le plus grand chemin reste roue motrice, en pressant sur le pignon qui se trouve engagé dans ses dents. Sur l'axe des deux pignons est un engrenage d'angle qui multiplie la vitesse et fait marcher la bielle chargée de donner à la scie son mouvement de va-et-vient. Cette scie à larges dents ouvertes sous un angle d'environ 40 degrés s'engage dans des supports chargés de la diriger et portant des pointes qui pénètrent dans la récolte à couper. Un petit versoir couche l'herbe sur la prairie en laissant une petite piste le long de l'herbe encore debout. Le conducteur est assis sur un siége porté par la machine, il tient les guides d'une main ; il peut, de l'autre main, faire manœuvrer un levier avec lequel il relève facilement ou abaisse plus ou moins la scie, pour qu'elle coupe à différentes hauteurs, pour qu'elle passe au-dessus des pierres ou des autres obstacles présentés par le terrain. La machine est assez petite et se manœuvre assez facilement pour tourner sur place et venir couper dans le sens le plus favorable les récoltes couchées.

Cette expérience a été faite devant le jury par M. Cranston lui-même, le constructeur de la machine de Wood en Angleterre; celui-ci a fait preuve d'une dextérité rare, qui démontre qu'une machine, comme un instrument à main, exige une étude spéciale et attentive : on n'en connaît toutes les ressources qu'après l'avoir fait fonctionner avec soin; la même machine pourra donner des résultats bien différents, selon les mains entre lesquelles elle sera placée pour être dirigée. Une autre remarque à faire, c'est que les exposants qui ont le mieux et le plus rapidement conduit leurs machines sont ceux qui prenaient le plus de soin de bien les graisser et de lubrifier avec de l'huile les surfaces frottantes. L'introduction des machines dans les exploitations rurales servira à rendre de plus en plus soigneux les ouvriers des champs.

D'autres exposants français avaient aussi présenté des machines du système Wood; parmi eux, le jury a surtout signalé M. Peltier jeune, qui s'est attaché à rendre ce système plus complet et mieux approprié à nos prairies.

La machine inventée en Amérique par M. Allen, exécutée et perfectionnée par MM. Burgess et Key, de Londres, a un peu moins de stabilité que la précédente; elle occupe un peu plus de place et elle est plus chère : son prix, en France, est de 750 fr. Elle fait, toutefois, un travail excellent, qui a été trouvé par le jury au moins égal à celui de la machine Wood. Une seule roue centrale, garnie, à l'extérieur, d'aspérités qui lui donnent plus de prise sur le sol, est chargée de donner le mouvement à la scie; elle porte sur son essieu un cadre en bois qui sert de support à tous les organes de la machine et au siége du conducteur. Outre la grande roue motrice, une petite roue latérale maintient la machine dans la direction que prend l'attelage. Le conducteur a sous sa main plusieurs leviers à l'aide desquels il peut ou bien embrayer ou désembrayer la scie pendant la marche de l'engrenage moteur, ou bien abaisser ou élever la machine entière pour couper plus ou moins haut, ou bien enfin reculer pour dégager la scie lorsqu'elle est engorgée, sans demander à l'attelage aucun effort. Tout est bien agencé, solide et digne d'encouragement. Sans la machine de Wood, et à elle seule, la machine d'Allen, perfectionnée par MM. Burgess et Key, eût suffi pour que le jury déclarât le problème du fauchage mécanique résolu. Le 1er prix des faucheuses étrangères a été décerné à la machine du système Wood, exposée par M. Peltier, et le 2e à la machine du système américain d'Allen, exposée, construite et perfectionnée par MM. Burgess et Key, 15, Newgate-Street, à Londres.

Une médaille d'argent a été, en outre, décernée à M. Piednue, de Dieppe (Seine-Inférieure), importateur de la même machine, achetée par MM. Burgess et Key. La machine de M. Piednue a remarquablement fonctionné, grâce surtout à l'habileté du charretier de la ferme impériale de Vincennes, qui avait rapidement appris à s'en servir.

Une machine exposée, inventée et construite par MM. Brigham et Richerton, à Berwick (Angleterre), assez semblable, pour la disposition de la roue motrice, à la machine d'Allen, mais qui en différait par les organes qui transmettent le mouvement à la scie, a aussi assez bien fonctionné. Le jury lui a décerné le 3e prix des machines étrangères.

Les machines d'invention française se sont montrées, il faut le reconnaître, inférieures aux machines d'invention américaine; mais elles ont des qualités propres qui prouvent que leurs constructeurs se sont appliqués à bien tenir compte des nécessités de l'agriculture nationale. En première ligne s'est placée la machine inventée par M. Mazier, à l'Aigle

(Orne). Cette machine est à la fois faucheuse et moissonneuse; elle ne coûte cependant que 800 fr., sans les pièces
de rechange. Elle exige l'emploi d'un charretier et d'un ouvrier monté à l'arrière de la machine et chargé de dégager
la scie de temps en temps au moyen d'un râteau. Elle est
solide, petite, facile à raccommoder; elle se démonte aisément, de manière à passer dans les chemins étroits. Le jury
lui a décerné le 1er prix des machines françaises.

M. Legendre, de Saint-Jean-d'Angely (Charente-Infé-
rieure), s'est attaché, depuis plusieurs années, à fabriquer
des machines peu coûteuses, qui ont beaucoup servi à propager parmi les agriculteurs l'emploi de toutes les machines
substituées aux bras de l'homme. La faucheuse que M. Legendre a fait fonctionner devant le jury ne coûte que 450 fr.;
elle présente des organes bien distribués; elle rendra certainement des services importants quand elle jouira de toute
la solidité désirable. Elle a très-bien exécuté son travail dans
quelques-uns des essais sérieux auxquels elle a été soumise.
Le jury lui a décerné le 2e prix des machines françaises.

M. Roberts (rue Neuve-des-Capucines, 6, à Paris) a perfectionné la machine américaine de Manny; il l'a rendue un
peu moins massive et plus commode à manœuvrer. La machine qu'il a amenée au concours est du prix de 850 fr.; elle
est à double fin, en ce sens qu'elle peut, comme celle de
M. Mazier, faucher et moissonner. Elle n'a pas réussi dans
tous les essais; mais cela tenait à des accidents fortuits
dont le jury a dû tenir compte, et elle a mérité le 3e prix. Le
jury a, d'ailleurs, applaudi au zèle que M. Roberts a mis à
améliorer et à propager en France les machines destinées à
remplacer les bras dans les travaux de la fenaison et de la
moisson.

2° *Machines à faner.*

L'invention des machines employées pour remplacer la
main de l'homme dans le travail de la fenaison a été beau-

coup plus facile que celle des machines à faucher; aussi remontent-elles déjà à près d'un demi-siècle. Robert Salmon, de Woburn, s'est fait breveter, en 1814 et en 1816, pour une machine à faner qui, sauf quelques améliorations d'un ordre secondaire, est encore le type d'après lequel sont construites les meilleures faneuses mécaniques qui ont été essayées au concours international de Vincennes. Les inventeurs des systèmes les plus perfectionnés sont Thomas Wedlake, Smith et Nicholson. Toutes ces machines se composent de râteaux en fer à dents flexibles assemblées sur une sorte de charpente cylindrique tournant autour de l'essieu d'un chariot. Les dents saisissent l'herbe étendue sur le sol et la projettent plus ou moins haut, selon qu'elles la prennent par la concavité ou par la convexité de leur courbure.

Le concours établi entre les machines à faner n'a pas fait surgir de machines nouvelles. Les expériences n'ont fait connaître aucun perfectionnement : c'était sans doute un beau spectacle que de voir le foin jeté avec rapidité à une grande hauteur, de le voir ensuite retomber à l'arrière de la machine, après avoir été exposé à l'air beaucoup mieux et plus longtemps que ne peuvent le faire les femmes ou les enfants qui fanent avec la fourche à main ; mais, depuis plusieurs années, ce résultat est connu. Le 1er prix a été décerné à M. Ashby, de Stamford, Lincolnshire (Angleterre), pour une faneuse à double action, pouvant être employée pour les légumineuses et les graminées, se débrayant, d'ailleurs, facilement et coûtant 530 fr. ; le 2e, à la faneuse de Nicholson, construite par MM. Ransome et Sims, importée et exposée par M. Ganneron, quai de Billy, 56, à Paris (prix, 550 fr.); le 3e, à la faneuse inventée et exécutée par M. Samuelson.

Les machines à faner peuvent rendre de grands services, en permettant de profiter de quelques rayons de soleil et de mettre le foin en état d'être rentré en conservant toute sa qualité. Tout le monde sait que, s'il séjourne trop longtemps sur le sol, le foin pourrit, et qu'il n'est souvent bon qu'à être jeté sur le fumier, sans avoir fourni de nourriture pour le bétail, ce qui en fait un engrais d'un prix très-élevé et, d'ailleurs, très-peu actif. D'un autre côté, toutes les faneuses exposées sont coûteuses et lourdes; quoique présentées comme marchant avec un seul cheval, elles exigent certainement deux chevaux lorsqu'elles doivent faner une récolte abondante, comme en fournissent beaucoup de nos prairies.

3° *Râteaux.*

Les râteaux à cheval sont uniquement destinés à réunir en andains le foin étendu sur la prairie; ils ne dispensent point de l'emploi du râteau à main pour la formation des meules. Ils ont été employés d'abord dans les comtés d'Angleterre où l'agriculture est la plus avancée, puis en Écosse, et enfin en Amérique; leur grande propagation ne remonte pas au delà de 1830. Ils ont été perfectionnés successivement par Grant (de Stamford), par Ransome, par Howard. Ils sont analogues à un râteau ordinaire, dont les dents pourraient tourner autour de la pièce sur laquelle elles sont assemblées; en outre, les dents sont indépendantes les unes des autres et retombent par leur propre poids, lorsqu'elles viennent à être soulevées par un obstacle du terrain. Un levier peut, en outre, servir à soulever une barre transversale qui prend toutes les dents à la fois et les fait remonter à une hauteur suffisante pour les dégager de toutes les herbes qu'elles ont ramassées.

Les râteaux exposés étaient plus nombreux que les machines à faner; ils avaient exercé l'esprit inventif des constructeurs français aussi bien que celui des constructeurs étrangers. Mais beaucoup de râteaux ne ramassent le foin que bien imparfaitement et exigent le plus souvent deux hommes : un pour conduire l'attelage, l'autre pour relever les dents du râteau quand il est complétement chargé; il y aurait encore des modifications notables à introduire dans ces intéressants outils.

Le 1er prix des râteaux à cheval a été décerné à M. Gustave Hamoir, à Saultain (Nord), pour un râteau perfectionné par l'exposant et construit par M. Matha, à Tesnoren. Ce râteau coûte 275 fr. ; il est remarquable par une sorte de pied qui se pose à terre lorsque le conducteur de l'attelage juge à propos d'appuyer sur un levier pour relever les dents et laisser tomber le foin rassemblé et former l'andain ; la manœuvre s'exécute facilement, mais le système peut encore être perfectionné ; et il le sera certainement par un homme aussi instruit des exigences de la culture que l'est M. Gustave Hamoir. Le 2ᵉ prix a été remporté par M. Pinel, à Étrépagny (Eure), pour un râteau du système Howard ; le 3ᵉ prix, par MM. Clubb et Smith, pour un râteau de leur invention, du prix de 225 fr. Une médaille d'argent a, en outre, été décernée à M. Ganneron, pour un râteau construit par MM. Ransome et Sims et coûtant 275 fr., et une médaille de bronze à M. Bodin, de Rennes (Ille-et-Vilaine), pour un râteau du système Howard, perfectionné par le constructeur et coûtant 275 fr.

Des mentions honorables ont été attribuées à M. Simphal pour son ramasseur de foin, et à M. Lallier pour le principe de son râteau se relevant de lui-même sans exiger la main de l'homme.

Un autre râteau exposé par MM. Bonnet, Andrew et Ducorroy, à Boulogne-sur-Mer (Pas-de-Calais), qui n'a pu être essayé, mais que le jury avait remarqué à Paris, a reçu une médaille d'argent ; cet instrument était du système des râteaux d'Howard : il a été perfectionné et exécuté par MM. Page et comp., de Bedfort (Angleterre).

Les râteaux et les machines à faner sont loin d'avoir l'importance des machines à faucher : leur mérite consiste surtout en ce que ces instruments permettent d'aller vite dans quelques circonstances, mais ils n'introduisent pas une grande économie dans les frais totaux de la récolte des foins, tandis que les machines à faucher donnent le moyen de faire avec deux chevaux et un homme le travail d'environ neuf faucheurs, et introduisent une économie du tiers environ dans les frais; les faneuses et les râteaux ne suppléent pas tous les ouvriers accessoires et ne produisent qu'une économie d'environ 10 pour 100.

Notre collègue M. le général Morin a fait, à ce sujet, des calculs intéressants; il a trouvé, par exemple, que, dans sa propriété de Saverne, l'introduction d'une machine à faucher de Wood pourrait économiser au moins 9 fr. sur 30 fr. que lui coûtent le fauchage, le fanage, la rentrée et le transport de la première coupe de 1 hectare de prairie. Pour le regain, l'économie produite par une faucheuse serait relativement plus grande encore. En moins de deux ans, la machine serait payée par l'économie des frais, si on s'en servait seulement sur 20 hectares de prés. Quant à la machine à faner, elle ne produirait, en Alsace, selon M. le général Morin, qu'une économie de 2 à 3 fr. On conçoit que ces chiffres doivent varier selon les lieux, les prix de la main-d'œuvre, les distances à parcourir et beaucoup de circonstances diverses; ils peuvent seulement servir comme d'une sorte de mesure du service rendu par les diverses machines; mais on doit surtout considérer l'avantage produit par la rapidité de l'exécution d'un travail fait en temps propice, de manière à sauver, le plus souvent, une récolte compromise.

4° *Machines à moissonner*.

Comme il arrive pour toutes les inventions, pour toutes les découvertes, on peut trouver dans l'histoire le récit de quelques tentatives faites à des époques reculées pour exécuter la moisson à l'aide de machines. Pline (1) et Palla-

(1) Pline s'exprime ainsi (liv. XVIII, chap. LXXII) : « Dans les vastes domaines des Gaules, une grande caisse dont le bord est armé de dents, et que portent deux roues, est conduite dans le champ de blé par un bœuf qui la pousse devant lui; les épis arrachés par les dents tombent dans la caisse. Ailleurs on coupe les chaumes par le milieu à l'aide d'une faucille, et on détache les épis entre deux merges. Ailleurs on arrache le blé avec la racine, et ceux qui emploient ce procédé prétendent que par là ils donnent au sol une espèce de labour, tandis qu'ils ne font qu'en ôter le suc. »

dius (1) nous ont conservé le souvenir de chars employés par nos ancêtres, les Gaulois, pour arracher les épis, en laissant la paille sur pied dans les champs ; mais ce n'est qu'au commencement de ce siècle que le problème a été nettement posé par les agriculteurs et abordé par les inventeurs.

En 1790, Boyce breveta en Angleterre une machine dans laquelle des lames de faucilles, animées d'un mouvement de rotation dans un plan horizontal, devaient couper les épis de Blé ou des autres céréales. L'agriculture britannique avait commencé sa rapide marche en avant, et l'on prévoyait dès lors quelles seraient les nécessités de l'avenir. On sentait, d'ailleurs, que le climat pluvieux de l'Écosse et de l'Angleterre exigeait que la récolte pût se faire rapidement. La question fut mise au concours par plusieurs sociétés d'agriculture. On vit apparaître successivement les machines de Plucknet, de Gladstone, de Salmon, de Scott, et enfin de Smith, le célèbre agriculteur de Deanston, qui reçut, en 1814, de la Société de Dalkeith, un encouragement de 50 guinées (1,323 fr. 50 c.). Ces machines se composaient

(1) Le passage de Palladius (liv. VIII, chap. xi) est ainsi conçu : « Les habitants des pays plats de la Gaule ont une méthode de moissonner qui épargne la main-d'œuvre, puisqu'elle n'exige que la journée d'un bœuf pour expédier tout un canton. Ils ont un chariot monté sur deux petites roues. La surface du chariot, qui est carrée, est garnie de planches renversées en dehors, de sorte que sa partie supérieure est plus large que l'inférieure. Les planches sont moins hautes sur le devant du chariot que par derrière. Sur ces planches sont distribuées, par ordre, de petites dents clair-semées, dont le nombre est proportionné à la quantité des épis. Les dents sont recourbées par en haut. On adapte au derrière de ce chariot deux brancards très-courts, semblables à ceux des litières dans lesquelles les femmes se font porter, et l'on attelle à ces flèches, à l'aide d'un joug et à l'aide de courroies, un bœuf qui a la tête tournée vers le chariot ; il faut, sans contredit, que ce bœuf soit doux et qu'il n'aille pas plus vite qu'on ne le pousse. Le bœuf promenant ce chariot à travers la moisson, tous les épis se trouvent saisis par les petites dents dont il est garni, et s'accumulent, par conséquent, dans le chariot, en se séparant de la paille, qui reste en dehors. Le bouvier, qui suit par derrière, dirige la marche du chariot en l'élevant ou en le baissant, suivant l'exigence du cas ; il ne faut que quelques heures d'allées et venues pour expédier toute une moisson. Cette méthode est bonne pour les pays plats et dont le terrain est égal, ainsi que pour ceux où l'on ne considère pas la paille comme objet de nécessité. »

de scies circulaires, de grandes faux rotatives portées par des tambours de forme conique suspendus sur des chariots que poussaient les attelages : elles étaient loin d'opérer d'une manière assez satisfaisante pour entrer dans la pratique de l'agriculture ; aussi les inventeurs durent-ils continuer à chercher d'autres solutions du problème.

En 1821, Jeremiah Baily, du comté de Chester, aux États-Unis d'Amérique ; en 1822, Henri Ogles, du Northumberland ; en 1823, Brown, d'Alnwick, dans le même comté ; en 1828, Patrick Bell, fils d'un fermier du comté de Forfar, en Écosse ; enfin, en 1832, Joseph Mann, du Cumberland, présentèrent diverses machines dont les organes mieux disposés annonçaient qu'on approchait du but. La machine de Bell reçut, en 1830, un prix de 1,250 fr. de la Société d'agriculture d'Écosse ; elle fut placée dans la ferme d'Inch Michael (comté de Perth), où, de 1832 à 1853, elle n'a pas cessé de faire exclusivement la moisson ; elle se répandit, en outre, dans quelques fermes du comté de Perth et de Forfar. Vers 1834, quatre machines semblables furent envoyées à Chicago dans l'Illinois, province des États-Unis, d'où sont revenues plus tard en Europe les machines américaines de Mac-Cormick et de Manny. Patrick Bell a lui-même été, pendant plusieurs années, ministre protestant au Canada, avant de revenir se fixer à Carmilie, dans le Forfarshire.

Malgré ce long et persévérant enfantement, qu'on peut regarder comme le signe d'une nécessité bientôt impérieuse, les moissonneuses mécaniques ne se répandirent que tout récemment dans la Grande-Bretagne : c'est que les ouvriers irlandais venaient, chaque année, par bandes nombreuses, en Écosse et en Angleterre, fournir aux fermiers une main-d'œuvre abondante et à bon marché pendant le temps de la récolte des céréales. Il fallut que l'émigration irlandaise, conséquence de la cruelle famine causée par la maladie des Pommes de terre, enlevât tout espoir d'obtenir désormais une main-d'œuvre à bas prix pour que, vers 1851, les souvenirs se reportassent sur les inventions du commencement

7

du siècle, pour qu'on demandât à l'Amérique de doter l'Europe des perfectionnements qu'elle avait imaginés.

La rareté des bras dans les grandes provinces des États-Unis, l'alternative ou de couper par des procédés expéditifs ou d'abandonner des moissons couvrant de vastes plaines presque désertes, avaient fait accepter, en Amérique, des machines encore imparfaites, en laissant au temps le soin de les perfectionner. Dès 1831, M. Mac-Cormick avait pris un premier brevet pour une machine qui, en 1844, ayant reçu des perfectionnements considérables, se répandit facilement. Alors se créa une active et féconde concurrence qui donna successivement naissance aux machines américaines de Manny, de Hussey, d'Atkin, de Wood, etc. L'habileté des constructeurs anglais apporta de nombreux perfectionnements aux machines primitives. Les inventeurs français reprirent le problème pour en simplifier la solution, s'il était possible, et pour fournir à notre agriculture des engins plus en rapport avec sa constitution. Aujourd'hui on compte au moins 10,000 machines à moissonner en Amérique et 2,000 en Europe.

Les machines à moissonner, dans leur forme actuelle, reposent sur un principe simple.

Une roue traînée sur le sol par un attelage présente un axe roulant sur lequel peut être appliquée une résistance égale à la force de traction. Que cette résistance provienne d'un fardeau placé sur une voiture portée sur la roue, ou qu'elle soit due à un organe mécanique prenant son mouvement sur le même axe et chargé d'exécuter diverses fonctions, les conditions d'équilibre ne seront pas changées. De même qu'on ne peut placer qu'une charge déterminée sur les essieux d'une voiture, de même on ne peut demander à la roue motrice d'une machine à moissonner qu'un travail limité. Qu'on imagine, placée concentriquement à cette roue motrice, une roue dentée s'engrenant avec un pignon, on aura autour de l'axe de ce pignon un arbre de couche où l'on pourra venir prendre, par des courroies et des poulies de renvoi, par des roues dentées, par des chaînes sans fin, tous les mouvements à exécuter. Ces mouvements ont pour but de couper la moisson et de courber les tiges de manière à les faire tomber sur une plate-forme d'où elles seront dirigées sur le sol en javelles ou en *andains*. Dans la plupart des moissonneuses, cette dernière opération n'est pas demandée à la machine elle-même; elle est confiée à un ouvrier qu'on appelle le javeleur. Le sciage, qu'on avait essayé d'exécuter par des faux et des scies rotatives ou par des cisailles, se fait maintenant dans toutes les machines à l'aide de scies recevant un mouvement rectiligne de va-et-vient très-rapide à travers de grandes dents séparatrices qui leur servent de guides et de supports. Ce système constitue particulièrement l'invention de Mac-Cormick; il est traîné latéralement par rapport à l'attelage et est suivi de la plate-forme sur laquelle tombe la moisson. Le volant, qui est employé pour courber les tiges de la récolte à faucher, est de l'invention de Bell; il est placé au-dessus de la scie : quelques constructeurs le suppriment et chargent le javeleur d'en remplir la fonction, en même temps qu'il doit faire tomber la récolte sur le sol.

Le concours convoqué à Fouilleuse, en 1860, comptait 43 machines dont 19 étrangères et 24 françaises. Sur ce nombre, il y avait plusieurs machines à bras dans lesquelles on pouvait certainement constater de laborieux efforts d'imagination; mais un examen rapide ne tardait pas à faire reconnaître que les inventeurs s'étaient attachés à interposer, entre la faux et l'homme, des engins employant en pure perte des forces considérables, pour n'arriver à obtenir que des résultats nuls ou insignifiants.

Le directeur de la ferme de Fouilleuse avait fait disposer pour les essais du jury et pour les essais publics trente-neuf parcelles d'une contenance de 15 à 18 ares. Le jury a décidé que chaque machine appartenant à un système spécial serait d'abord appelée à fonctionner dans douze parcelles, d'une constitution aussi égale que possible, présentant un Blé droit, d'un rendement moyen. Les parcelles ont été tirées au sort entre les concurrents. Un membre du jury fut, en outre, désigné pour suivre pas à pas chaque machine pendant son travail, noter toutes les circonstances de sa marche, apprécier toutes les particularités du terrain ou de la moisson. Après ces premiers essais, les machines ont aussi été engagées par comparaison dans des parcelles portant un Blé beaucoup plus épais, partiellement versé dans différents sens et venu sur un terrain argileux s'enfonçant assez facilement sous le poids des roues.

Les machines des systèmes Bell, Burgess et Key, Wood, Cuthbert, Manny, Cournier, Mazier et Legendre ont seules triomphé des tâches qui leur avaient été imposées dans les premières expériences.

Le tableau suivant présente le résumé des résultats constatés, tels qu'ils ont été recueillis par chaque membre du jury.

Machines étrangères.

NOMS des inventeurs.	NOMS des constructeurs.	NOMS des exposants.	NOMBRE de chevaux attelés.	NOMBRE d'hommes employés à la machine.	SURFACE coupée.	TEMPS employé.	QUALITÉ DU TRAVAIL.
					ares.	minutes.	
Patrick Bell...	Watson........	George Bell....	2	2	16	30	La machine coupe bien, mais fait médiocrement l'andain.
Mac-Cormick..	Burgess et Key.	Burgess et Key.	2	2	15	35 1/4	La machine coupe très-bien et fait bien l'andain.
Mac-Cormick..	Laurent........	Laurent........	2	2	17	16	La machine coupe très-bien et fait bien l'andain.
Mac-Cormick.. perfectionnée par MM. Burgess et Key	Burgess et Key.	Clubb et Smith.	2	2	15	11	La machine coupe très-bien et fait bien l'andain.
Wood........	Cranston......	Cranston......	2	1	15	17	La machine coupe bien ; le râteau automoteur fait inégalement la javelle.
Cuthbert......	Cuthbert......	Cuthbert......	2	2	16	15	La machine coupe parfaitement ; la javelle se dépose assez bien.
Manny........	Roberts........	Roberts........	2	2	15	15	Bon travail.

Machines françaises.

NOMS DES INVENTEURS en même temps constructeurs et exposants.	NOMBRE de chevaux attelés.	NOMBRE d'hommes employés à la machine.	SURFACE coupée.	TEMPS employé.	QUALITÉ DU TRAVAIL.
			ares.	minutes.	
Cournier........	2	1	17	26	La machine coupe assez bien, mais fait médiocrement la javelle.
Mazier........	1	2	17	24	Travail très-bon.
Legendre........	2	2	16	27	Travail assez bon.

Dans ces expériences, le Blé n'étant pas très-épais, les attelages n'étaient pas, en général, fatigués. Toutefois le jury a été convaincu que les chevaux n'eussent pas pu continuer très-longtemps le travail qu'on leur demandait. Il en était de même des ouvriers javeleurs. La machine de M. Mazier n'a exigé qu'un cheval, mais dans un travail régulier et continu il faudrait en employer deux. Des mesures directes des efforts dépensés par les attelages, mesures que l'on trouvera plus loin, montreront aux agriculteurs combien doivent varier, selon les circonstances, les quantités de travail que l'on devra obtenir des chevaux attelés aux machines à moissonner.

Dans les secondes expériences, les machines de MM. Burgess et Key, Mazier, Cuthbert, Cranston (système Wood) et Legendre ont seules pu arriver à terminer à peu près leur travail. Le jury a toutefois remarqué que le Blé coupé aurait eu besoin encore d'une dizaine de jours pour arriver à maturité ; qu'il avait abondamment plu avant les expériences ; que le Blé était mouillé, très-chargé d'herbes adventices, et que le terrain était détrempé et mouvant.

Les essais se sont donc faits dans des circonstances exceptionnelles, défavorables aux machines, mais d'un autre côté ne permettant pas de juger suffisamment les résultats qui se seraient produits si le grain avait été mûr et susceptible de s'égrener facilement. Quoi qu'il en soit, les expériences exécutées donnaient des indications suffisantes pour que le jury pût effectuer le classement des machines.

En première ligne s'est placée la machine de MM. Burgess et Key ; le jury lui a décerné le premier prix des machines étrangères et le prix d'honneur. On sait que cette machine n'est autre que celle inventée par l'Américain Mac-Cormick ; elle a été perfectionnée par MM. Burgess et Key, qui lui ont ajouté trois hélices ingénieusement disposées pour recueillir les tiges coupées et les jeter sur le sol en andains parallèles à la piste parcourue par les chevaux. Cette opération s'exécute parfaitement lorsque la machine coupe un Blé convenablement mûr et sec. Dans des Blés mouillés, encore verts et garnis de Liserons, comme étaient, cette année, ceux de Fouilleuse, l'andain s'est moins bien formé, parce que les épis n'avaient pas, par rapport aux tiges, leur excès de poids habituel. Les constructeurs n'avaient, du reste, que très-légèrement modifié cette machine depuis le concours de l'année précédente. En 1860, ils en avaient déjà livré 605 sur 630 qui leur avaient été commandées. Il n'était venu qu'un petit nombre de ces machines en France ; mais M. Laurent, de Paris, qui a acheté de MM. Burgess et Key le droit de fabriquer, en avait fourni à nos agriculteurs 150, dont 3 pour l'Algérie. Une machine construite par M. Laurent a très-bien fonctionné devant le jury. Ce constructeur a, d'ailleurs, le mérite d'avoir diminué la largeur de la machine pour la rendre plus applicable aux conditions habituelles de notre agriculture ; il a droit à des encouragements pour sa persévérance et pour sa bonne fabrication.

La machine exposée par M. Cuthbert ne s'était pas encore montrée dans nos concours. Elle a paru être un perfectionnement heureux du système américain de Hussey, qui avait l'inconvénient de laisser déposer la javelle en arrière de la machine, sur la piste même que devaient suivre les chevaux pour couper une nouvelle bande. Cela exigeait, comme le jury a encore pu constater en faisant travailler la machine Hussey exposée par M. Ganneron, que six hommes fussent occupés à ramasser les javelles pour les mettre à l'abri du piétinement des chevaux. Grâce à un tablier convenablement disposé, un ouvrier monté sur la machine peut à la fois rassembler la javelle et la jeter sur le côté. Mais le travail qu'on demande à cet ouvrier est pénible, et il n'est pas probable qu'il serait même convenablement exécuté avec des Blés bien garnis. Quoi qu'il en soit, la machine exposée par M. Cuthbert, quoique d'un prix relativement peu élevé, était remarquable par sa bonne construction, et elle a mérité à cet exposant le second prix des machines étrangères.

La machine inventée et construite par M. Wood, aux

États-Unis, a été importée en Europe par M. Cranston, qui s'était chargé de la faire marcher devant le jury. La scie est supportée par un bras d'acier au lieu d'un bras en bois, ce qui lui donne plus de flexibilité. En outre, un râteau auto-moteur, fixé à une chaîne sans fin qui fait le tour de la plate-forme irrégulière sur laquelle tombent les épis, reçoit un mouvement de va-et-vient qui lui permet de projeter la javelle à côté de la piste des chevaux. Mais l'engrenage chargé de transmettre le mouvement est loin d'être convenablement établi, de telle sorte que le râteau ne peut plus remplir sa fonction quand le Blé coupé est un peu épais ; il faut alors démonter ce râteau et avoir recours à un ouvrier pour faire la javelle. Le perfectionnement tenté par l'inventeur n'était donc pas encore réalisé. Le jury a décerné à M. Cranston le troisième prix des machines étrangères.

M. Roberts avait exposé une machine qui était la 217e de celles qu'il avait construites en France. Le jury a voulu récompenser, par une mention honorable, le zèle que ce constructeur a mis à propager les nouvelles machines.

La célèbre machine de Bell méritait certainement d'être examinée avec intérêt, puisqu'elle est la première moissonneuse mécanique qui ait réellement fonctionné ; depuis 1828 elle est employée dans plusieurs fermes d'Écosse. On sait que l'attelage est forcé de pousser devant lui la machine, que le Blé tombe sur un tablier garni d'une toile sans fin, et est ensuite jeté latéralement en andains. Ces dispositions, quoique très-ingénieuses, donnent lieu à bien des difficultés pour la direction de la machine, surtout quand il s'agit de changer le sens de la marche. Aussi le Blé n'était pas convenablement coupé dans les coins des parcelles où la machine a été essayée, et il n'a pas été possible au jury de recommander aux agriculteurs, par une récompense, une machine qui fait cependant le plus grand honneur à son inventeur.

M. le docteur Mazier est resté à la tête des inventeurs français ; ses machines sont plus simples, moins encom-

brantés que les machines étrangères, et elles se prêtent
mieux aux conditions générales de l'agriculture française.
Un arrière-train mobile dans le sens vertical, destiné à supporter la scie, lui permettait de suivre toutes les ondulations
du terrain. M. Mazier en avait déjà livré quatre-vingt-dix à
divers cultivateurs nationaux. Le jury lui a décerné le premier prix des machines françaises.

Les inventions des machines à moissonner sont peut-être
les plus difficiles de toutes celles que demande l'agriculture.
On n'a, en effet, qu'une seule fois l'occasion, par année, de
soumettre à l'épreuve de l'expérience les combinaisons que
l'on a imaginées dans le silence du cabinet et auxquelles on
a donné un corps dans l'atelier. On attend avec anxiété l'é-
poque de la maturité de la moisson, et s'il arrive, comme
cette année, que le temps ait été longtemps froid et pluvieux, que les Blés ne mûrissent pas, l'inventeur est obligé
de venir devant un jury affronter des essais qui démenti-
ront peut-être tous ses calculs. Il ne faut donc pas s'étonner
que quelques-uns des inventeurs français aient échoué dans
les expériences de Fouilleuse. Mais le jury a signalé les
efforts persévérants de M. Lallier et l'a engagé à continuer
à perfectionner sa machine, regrettant de ne pouvoir encore
lui attribuer de prix.

M. Legendre avait, de son côté, exposé une machine qui
ne résolvait pas encore complétement le problème du mois-
sonnage mécanique, surtout au point de vue du javelage,
mais qui exécutait un assez bon travail dans des Blés peu
épais et avec deux hommes. Le jury lui a décerné le troisième
prix des machines françaises.

M. Cournier, de Saint-Romans (Isère), a inventé et construit sa machine pour les contrées méridionales, c'est-à-dire
pour des Blés aux tiges sèches, placés, au moment de la
moisson, sur des terrains durcis par le soleil. Les conditions
dans lesquelles on se trouvait, cette année, à Fouilleuse
étaient trop différentes de celles du Midi pour que M. Cournier pût espérer de triompher des obstacles qui s'opposaient

à la marche de son engin. Néanmoins le jury lui a décerné une mention honorable pour l'encourager à continuer ses efforts d'amélioration.

Le jury avait remarqué, dans ses expériences, que les attelages conduisant la machine à moissonner étaient, pour la plupart, très-fatigués, que les ouvriers javeleurs pourraient difficilement soutenir pendant longtemps le travail qu'on leur demandait. Frappé de l'absence de toute donnée précise sur les efforts exigés par les machines, et désireux de fournir aux inventeurs des renseignements utiles, il a demandé à M. Tresca de faire, sur les machines de MM. Burgess et Key et de M. Mazier, des essais dynamométriques. Ces essais ont été exécutés avec le dynamomètre à deux lames et à style de M. le général Morin; ils ont donné les résultats suivants :

I. — La machine de MM. Burgess et Key, du poids de 750 kilogrammes, tirée par deux chevaux, marchant à vide avec une vitesse de 1^m,10 par seconde, chargée de son charretier et ayant tous ses organes embrayés, a exigé un effort de tirage de 228 kilogrammes, ce qui correspond à un travail, par seconde, de 251 kilogrammètres.

La même machine coupant sur une longueur de 1^m,35 exigeait un tirage de 317 kilogrammes; elle marchait avec la même vitesse de 1^m,10 par seconde : le travail dépensé était donc de 349 kilogrammètres.

L'effort seul dû au fauchage et à la mise en andains était de 89 kilogrammes.

Le rapport entre le tirage à vide et le tirage pendant le fauchage était de 0,72.

La quantité de travail par mètre carré fauché s'élevait à 234 kilogrammètres sur lesquels il y avait seulement 66 kilogrammètres employés à faucher et à mettre en andains; le reste servait à tirer la machine sur le terrain très-mou et détrempé par les pluies dans lequel on opérait.

II. — La machine de M. Mazier, pesant 400 kilogrammes, tirée par deux chevaux, marchant à vide avec une vitesse de

1^m,10 par seconde, chargée de son charretier et d'un ou-vrier javeleur, ayant tous les organes embrayés, a exigé un effort de tirage de 137 kilogrammes, ce qui correspond à un travail de 151 kilogrammètres par seconde.

La même machine, coupant sur une largeur de 1^m,20, exigeait un tirage de 182 kilogrammes; elle marchait avec la même vitesse de 1^m,10 par seconde : le travail dépensé était donc de 200 kilogrammètres.

L'effort dû au fauchage seul était de 45 kilogrammes.

Le rapport entre le tirage à vide et le tirage pendant le fauchage s'élevait à 0,75.

La quantité de travail par mètre fauché était de 152 kilo-grammètres, sur lesquels il y avait 37^{km},50 employés au fauchage; le reste était absorbé par le tirage dont les conditions étaient exactement les mêmes que celles dans lesquelles a opéré la machine de MM. Burgess et Key.

Le champ dans lequel les expériences dynamométriques ont été exécutées était chargé d'une récolte abondante versée en quelques parties.

On sait que l'effort moyen d'un bon cheval de ferme ordinaire, en excellent état d'entretien, est de 70 kilogrammes. On voit donc que, dans les conditions où l'on a opéré, les deux chevaux de la machine de MM. Burgess et Key travaillaient comme quatre bons chevaux, et ceux de la machine de M. Mazier comme deux chevaux et demi. Mais il faut bien faire attention que le champ exigeait un tirage énorme, qui se serait réduit à moitié peut-être si le terrain avait été sec et résistant. Tout le monde sait, en effet, quelles différences de tirage offrent une bonne route et un chemin défoncé; les variations de tirage ne sont pas moindres dans des champs secs ou mouillés. On peut regarder les résultats précédents comme des maxima qu'on ne dépassera que bien rarement dans la pratique.

La différence entre les quantités de travail dépensées par mètre carré pour le fauchage et la mise en andains dans la machine de MM. Burgess et Key, et pour le fauchage seul dans la machine de M. Mazier, est de 28 kilogrammètres et demi ou de près d'un demi-cheval. Tel est le travail énorme qui serait demandé dans les machines à moissonner à l'ouvrier javeleur. Ce chiffre démontre quel intérêt il y a à chercher des machines qui puissent javeler ou mettre en andains automatiquement.

CONCLUSIONS.

Dans le cours de ce rapport, on a pu remarquer que bien souvent les diverses sections des jurys ont fait valoir le bon marché des machines comme motifs des prix décernés aux exposants.

Cette appréciation ne saurait être acceptée sans quelques observations. Pour arriver au bas prix, certains constructeurs livrent des instruments trop peu solides, des machines qui ne peuvent pas marcher d'une manière continue sans exiger des réparations incessantes. Le bas prix n'est, dès lors, qu'une illusion. L'engin qui n'a coûté qu'une faible somme ne rend aucun service, et constitue, parfois, une perte totale, tandis qu'une mise de fonds plus élevée aurait permis d'acheter une machine rapportant beaucoup plus que l'intérêt ordinaire des capitaux.

La Société centrale d'agriculture appelle sur ce point l'attention des cultivateurs, de même qu'elle recommande aux constructeurs d'apporter de grands soins et dans le choix de leurs matières premières et dans l'exécution de tous les organes de leurs appareils. Pour ne citer que quelques détails, qui n'a remarqué, par exemple, que l'emploi de contre-écrous convenablement disposés empêcherait les écrous de se desserrer dans les organes animés d'une grande vitesse ou soumis à de fortes vibrations ; que des paliers graisseurs rendraient de grands services en mettant les parties frottantes à l'abri des poussières, et que mille moyens pourraient être employés pour lubrifier les engrenages ; qu'il serait avantageux de construire les parties soumises à un grand travail et susceptibles de se briser ou de s'user rapidement sur des modèles parfaitement identiques qui permettraient des remplacements faciles?

Ainsi, dans le choix des machines agricoles, le cultivateur ne doit pas se décider par l'appât du bon marché; il doit choisir, avant tout, ce qui est bon, solide et bien fait, en cherchant à se rendre un compte aussi exact que possible des avantages qu'il peut espérer de l'emploi de tout appareil en les mettant en rapport avec la consommation de force motrice qu'il exigera. Quant au constructeur, il doit se garder de chercher le bon marché dans la mauvaise qualité des matières premières et dans une exécution négligée des organes importants des machines qu'il fabrique. Le bien est dans une juste pondération de la dépense et du service à rendre.

[illegible] [illegible] [illegible] [illegible] [illegible]
[illegible] [illegible] [illegible] [illegible] [illegible]
[illegible] [illegible] [illegible] [illegible] [illegible]
[illegible] [illegible] [illegible] [illegible] [illegible]
[illegible] [illegible] [illegible] [illegible] [illegible]
[illegible] [illegible] [illegible] the combination of [illegible]
[illegible] [illegible] [illegible] [illegible] [illegible]
[illegible] [illegible] [illegible] [illegible] [illegible]
[illegible] [illegible] [illegible] [illegible] [illegible]
[illegible] [illegible] [illegible] [illegible] [illegible]

[illegible] [illegible] [illegible] [illegible] [illegible]
[illegible] [illegible] [illegible]

[illegible] [illegible] [illegible] [illegible] [illegible]
[illegible] [illegible] [illegible] [illegible] [illegible]

TABLE DES MATIÈRES.

Paris. — Imprimerie de madame veuve BOUCHARD-HUZARD, rue de l'Éperon, 5.